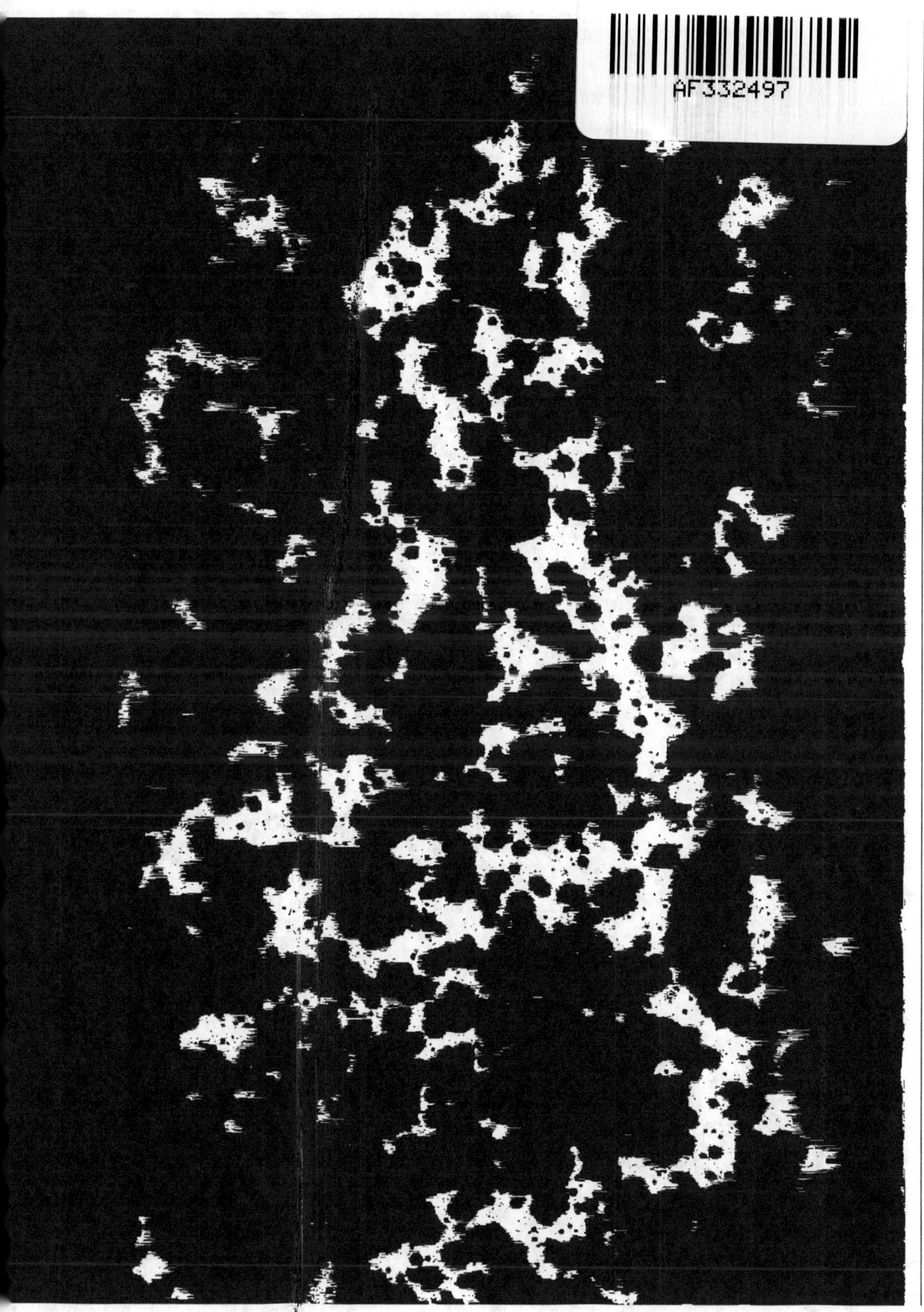

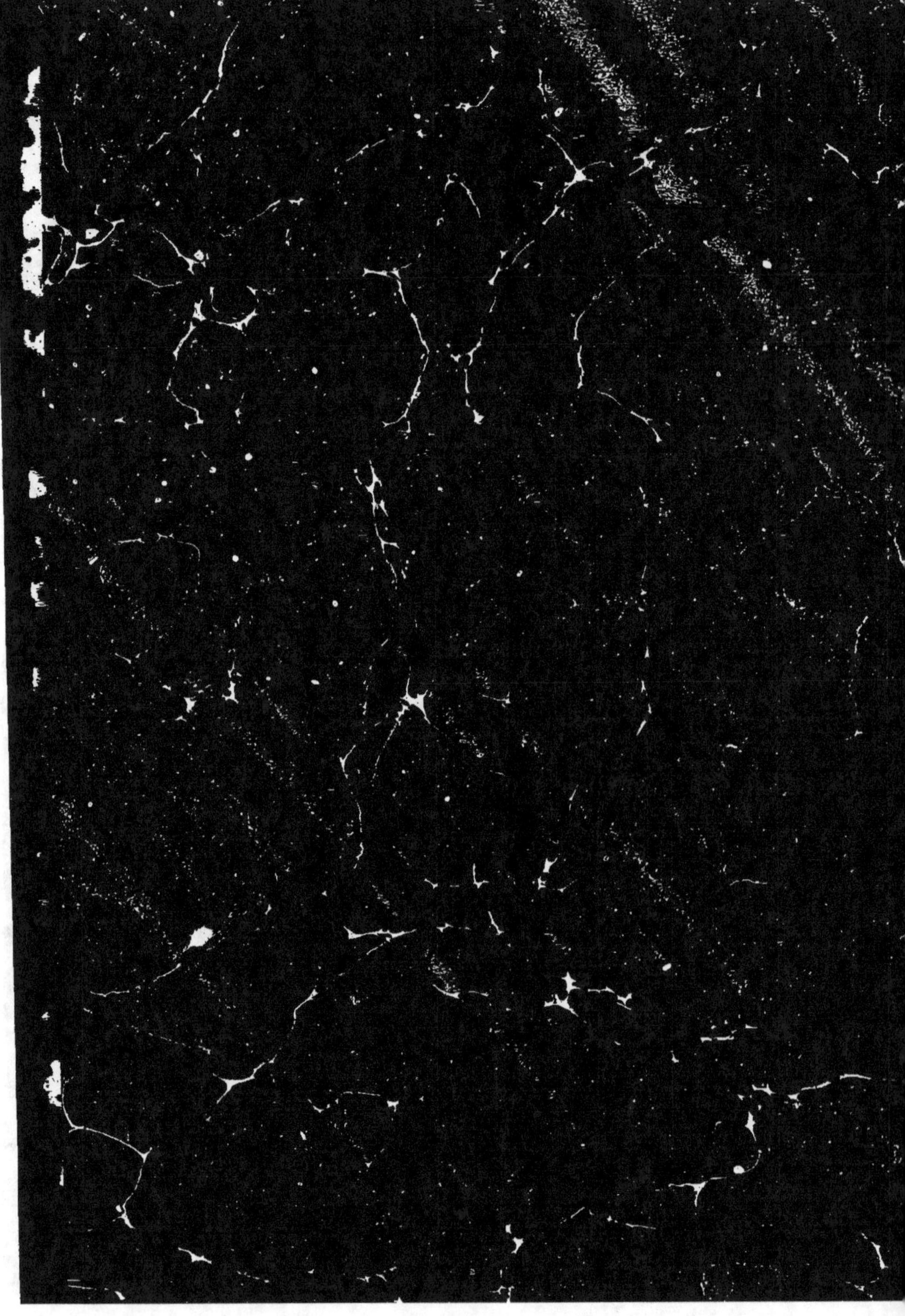

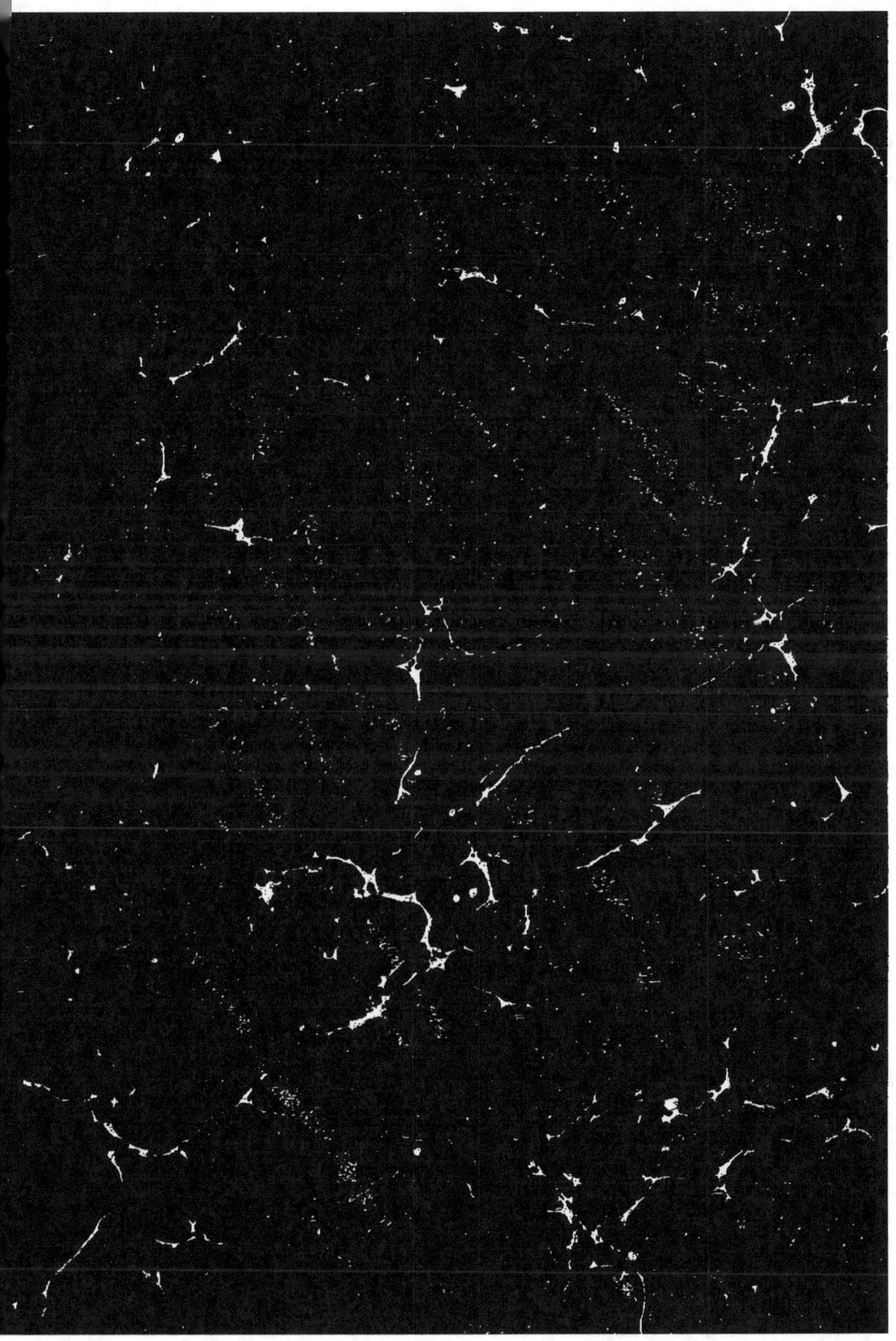

S

ÉNUMERATION

DES

CARABIQUES ET HYDROCANTHARES.

ENUMERATION

DES

CARABIQUES ET HYDROCANTHARES.

recueillis pendant un voyage au Caucase et dans les provinces transcaucasiennes par le Baron M. de Chaudoir et le Baron A. de Gotsch.

CARABIQUES.

PAR

LE BARON M. DE CHAUDOIR.

Gentilhomme de la Chambre de S. M. l'EMPEREUR de toutes les Russies, membre de la Société IMPÉRIALE des Naturalistes de Moscou, de la Société Entomologique de France, etc.

HYDROCANTHARES.

PAR

M. H. HOCHHUTH.

Membre correspondant de la Société des Naturalistes de Riga.

KIEW.

—

IMPRIMERIE DE J. WALLNER.

Juin.—1846.

INTRODUCTION.

I.

J'étais parti de Kiew dans l'intention de revoir cette
côte méridionale de la Crimée, dont les sites pittoresques étaient toujours présents à mes souvenirs. Arrivé à Sévastopol par le bateau à vapeur d'Odessa, je
ne voulais pas commencer ma tournée sur la côte sans
avoir apporté mon tribut d'hommages à l'illustre savant qui a tant fait pour les sciences naturelles dans
les pays qu'il habite, et dont j'avais déjà eu l'honneur
de faire la connaissance à l'époque de mon premier
voyage en Crimée. J'eus la satisfaction de retrouver
S. E. Mr. de Stéven en jouissance d'une parfaite santé,
entouré d'une famille nombreuse, et le seul regret que
j'éprouvai, fut de voir que l'affaiblissement de sa vue,

1 *

l'avait obligé de renoncer à l'entomologie, bien qu'il continuât à porter un vif intérêt à cette science dont il a si bien mérité. C'est lui qui me conseilla de changer mon itinéraire et de me diriger vers le Caucase, pour consacrer à une tournée dans ce pays le peu de temps dont je pouvais disposer. Après avoir reçu de lui les plus précieux renseignemens sur les contrées que j'allais visiter, je partis pour Kertch, où grâce à sa recommandation et à l'obligeance de S. E. l'aide de camp général et chef de la ligne militaire de la mer Noire, baron de Budberg, et du chef militaire de la ville de Kertch, prince de Kherkhéoulidzé, j'obtins une place sur un pyroscaphe de la couronne qui allait à Redoute-Kalé, où j'arrivai le 26 Mai. Le jour même de mon arrivée, je me persuadai que dans ce climat chaud, la saison était trop avancée pour que mes recherches dans les plaines pussent être très-fructueuses, et je repartis à cheval dès le lendemain matin pour Koutais, en passant par Martwéli, résidence de l'évêque de Mingrélie. Je ne dirai pas ici les sensations que j'éprouvai à la vue du Caucase, dont j'avais déjà admiré la majesté sublime pendant ma traversée, de ces montagnes d'Akhaltzik, dont les formes indistinctes et gigantesques se dessinaient maintenant dàns le lointain à ma droite, dans le bleu de l'horizon, ou bien quand, gravissant l'une des hautes collines qui bordent au nord la vaste vallée de la Mingrélie, je la voyais, cette belle vallée, se dérouler à mes pieds avec ses magnifiques forêts vierges, ses champs, ses côteaux et les filets argentés des rivières qui y serpentent. Je ne pus, dans ma course rapide, que jeter un regard d'envie sur cet ample et riche champ de recherches sur lequel pourront s'exercer mes successeurs, plus heureux que moi, et sans même m'arrêter à Koutais au delà du temps qu'il me fallut pour trouver un guide et des chevaux de selle frais, je m'enfonçai dans les montagnes qui forment au nord de cette ville les premiers échelons de la chaîne du Caucase. Je franchis le col du Nakéral qui sépare les vallées de l'Imérétie de celles de la Ratscha, puis remontant le Rion que j'avais déjà vu à Koutais, et que je retrouvai ici roulant avec impétuosité ses flots écumants au fond de ces vallées, j'allai d'abord de Khotévi, chef lieu de la Ratscha, à Oni, petit bourg habité par des Juifs, et traversant le Rion sur un de ces ponts de bois suspendus, d'architecture aussi fragile que légère, comme on en rencontre à chaque pas dans ces vallées, je me dirigeai vers le village de Sakao, situé à une assez grande élévation sur le penchant de la montagne du même nom. Tout ce pays est extrêmement boisé. Des forêts de chênes et de tilleuls couvrent la base des montagnes, entremêlés de noyers et d'autres arbres. Peu

à peu les pins leur succèdent et en garnisent tous les
flancs, jusqu'à ce que le froid qui règne sur les sommets, ne permette plus qu'à des bouleaux de plus en
plus rabougris, d'élever de terre leurs humbles fronts.
Alors commencent ces magnifiques paturâges des alpes,
émaillés des plus belles fleurs, aux herbes grasses dont
l'humidité qu'entretient la neige fondante, nourrit les
tiges succulentes. Enfin, sur les sommités que la neige
laisse à découvert pendant deux ou trois mois de l'année, la nature s'épuise à faire sortir de cette terre gla-
cée un gazon ras, que remplace bientôt la mousse, dernier soupir de la végétation expirante. J'exécutai ici
ma première ascension sous la conduite d'un habitant du
pays, malgré une pluie qui me mouilla jusqu'aux os,
et qui, pour comble de désagrément, défonça entièrement les chemins escarpés et toujours presque impra-
ticables qui traversent les forêts. Je parvins, non sans
peine, à les franchir, mais je n'eus que le temps de retourner à la hâte deux ou trois de ces milliers de troncs
d'arbres dont elles sont jonchées, et qui pourrissent
jusqu'à la fin des temps. Je trouvai cependant une espèce très remarquable et nouvelle de Carabus, que
j'ai nommée Mellyi. Je ne pus m'arrêter, pour commencer mes recherches, que quand j'arrivai aux pierres roulées qui couvrent les pentes, principalement le
long des ruisseaux. Je fus alors étonné de la vie

qu'elles cachaient à mes regards, au milieu de cette nature qui paraissait si morte. Je trouvai ici le nouveau Carabus que j'ai nommé compressus; un peu plus haut apparurent en grande quantité les Nebria Marschallii, l'insecte le plus commun des sommets du Caucase, Calathus caucasicus m., des Trechus, le Plinthus costatus, etc. Près des amas de neige fondante, je trouvai les premiers exemplaires de l'Eutroctes laevigatus m., du Carabus armeniacus, le C. longiceps m., avec plusieurs autres espèces. Il me fallut enfin m'arracher à ces recherches intéressantes et fructueuses, pour regagner le village avant la nuit, la prudence étant nécessaire dans ces régions infestées d'ours et de loups. Je continuai le lendemain à remonter le Rion. Je trouvai un exemplaire mort du Procerus caucasicus, sous des feuilles sèches, et en tamisant, le Scydmaenus thoracicus, et une espèce nouvelle, avec plusieurs autres petits insectes. Beaucoup de Cicindèles volaient sur les chemins le long des ruisseaux; je ne pus attraper que la C. riparia, mais je reconnus une seconde espèce qui me sembla être C. lugdunensis. Au delà du village d'Utzéra la vallée se resserre. Le site devient toujours plus sauvage et plus grandiose. Les hautes et sombres montagnes qui s'élèvent des deux côtés sont couronnées de pins qui semblent suspendus sur la tête du voyageur, et le Rion se fraie avec fracas un passage étroit au milieu de ces immenses rochers taillés à pic. Ses bords sont jonchés d'énormes troncs qu'il a déracinés et entrainés à l'époque des grandes eaux, ce qui augmente encore l'air de dévastation de ce paysage. J'examinai les écorces de ces arbres morts, mais je fus surpris du petit nombre d'insectes que j'y trouvai; ma récolte se borna à quelques Clavicornes, à quelques Xylophages, et au Táchys nanus, si commun partout sous les écorces des pins. Au pied d'un rocher du haut duquel un ruisseau descendait en cascade, je ramassai sous un caillou le petit Carabus biseriatus m., jolie espèce nouvelle qui se rapproche des C. convexus et Hoppei; je trouvai aussi la Taphria vivalis, l'Olisthopus rotundatus, et un Stomis très-voisin du pumicatus, mais qui semble nouveau. J'atteignis vers le soir le village de Glola, peu satisfait de ma journée sous le point de vue entomologique, quoique je sois persuadé qu'un plus long séjour dans ces endroits amènerait la découverte de bien des choses intéressantes, mais rempli d'admiration pour les beautés de cette âpre et imposante nature. Le lendemain, dès l'aube du jour, je pris avec moi quelques habitans du village, et nous gravîmes ensemble l'une des montagnes qui le dominent, et dont une neige éternelle couronne les sommets. L'aspect général de ces

montagnes étant à peu près toujours le même, je m'abs-
tiendrai de décrire celle-ci. Les forêts sont tout aussi
remplies de troncs pourris, mais si l'on veut y chercher les nombreux insectes auxquels ils servent d'habitation, il faut y consacrer beaucoup de temps, et ne
pas songer à s'élever le même jour jusque sur le sommet de la montagne. Ce n'est pas même l'ouvrage
d'une journée, mais de plusieurs jours de recherches
assidues, pour lesquelles il faut se faire assister par
plusieurs gens, afin de pouvoir retourner ces masses
énormes à demi enfoncées en terre. Je ne trouvai donc
là que deux Pristonychus, et ce ne fut qu'au delà
de la limite des forêts et tout près des neiges que je fis
une abondante récolte de Carabus Staehlini, Puschkinii, Biebersteinii, Fischeri, Nebria patruelis m., Platynus (Cardiomera) elongatus, Eutroctes laevigatus m., Omaseus Tamsii? Dej,
armeniacus, Agonodemus lyratus m., laticol-
lis m., Abax inapertus, Pterostichus ordina-
tus, Celia punctulata, bifrons, des Brachélytres et Curculionites, un grand et quelques petits
Aphodius. Je fis l'observation que les insectes fuyent
les pentes exposées au soleil de midi qui est ardent,
même au sommet de ces montagnes, et brûle l'herbe
qui y pousse, tandis qu'au contraire les pentes tournées
vers le nord en fourmillent. Les Carabus et les Eu-

troctes se tiennent de préférence sous les grandes pierres plattes peu enfoncées en terre; les Nebria et les Cardiomera aiment les pierres que recouvrent presque les bords fondants des amas de neige. Mes compagnons me furent très-utiles ce jour là; ils s'étaient mis avec zèle à me seconder, et m'arrivaient à chaque instant les deux mains pleines des plus belles espèces, en riant aux éclats de cette occupation qui leur paraissait très-comique. Les habitans de ces vallées sont d'un très-bon naturel et très-serviables. — Puisse la civilisation ne pas les gâter !

J'aurais désiré traverser les montagnes de l'Ossétie, en passant par Guébi, par les défilés de Mamissonsk et de Norsk, par Djawa, ce qui m'aurait amené en deux jours à Kaïschaour, station de la grande route de poste du Caucase, dont je parlerai plus loin. Ce voyage à travers un pays encore inexploré, eût été des plus intéressants, et je le recommande à mes successeurs. Mais les arrangemens que j'avais pris à Koutaïs ne me permirent pas de l'exécuter, et il me fallut rétrograder jusqu'à Oni, pour rejoindre ensuite le grand chemin qui mène de Koutaïs à Tiflis. Entre Oni et Satchkhéri, on gravit un col médiocrement élevé qui sert de jonction à deux montagnes dont la neige couvrait encore quelques cimes à l'époque de mon passage,

et dont les versants couverts de pierres m'auraient certainement offert beaucoup de choses intéressantes, si
j'avais eu le temps de m'y rendre et de m'y arrêter.
Du sommet de ce col on descend dans une des plus dé-
licieuses vallées du Caucase, vallée étroitement encais-
sée entre deux rangées de hautes collines bien boisées
et très-escarpées, du sommet desquelles quantité de
ruisseaux se précipitent dans les profondeurs en casca-
des dont l'écume blanche se détache pittoresquement
sur le fond vert de feuillage qui les encadre, et dont le
bruit anime ce paysage chaud et plein de charme, tandis que le parfum des jasmins et des seringas en fleurs
embaument l'atmosphère. J'avais trop de chemin à
faire pour pouvoir me détourner du sentier que je sui-
vais, dans le but de faire des recherches dans les bois
touffus qui bordent la route des deux côtés. J'arrivai
le soir à Satchkhéri, chef-lieu du canton de ce nom, et
je remontai presque de suite à cheval pour franchir pendant la nuit, malgré la pluie qui tombait par torrens,
le chemin qu'il me restait à faire pour atteindre la station de poste, où j'arrivai le lendemain vers midi. D'ici
jusqu'à la station de Malitzkaïa, la dernière avant Sourame, la route suit les sinuosités de la vallée qui est
loin d'être dépourvue de beautés naturelles, mais où
l'entomologiste ne trouvera guères, je crois, que ce
qu'il trouverait partout ailleurs en Géorgie. Il fera bien

cependant d'explorer, s'il le peut, les localités humides et les bords des rivières qui y serpentent.

Entre Malitzkaja et Sourame on franchit la chaîne des montagnes de ce nom, qui unissent les montagnes d'Akhaltzik à celles du Caucase. D'épaisses forêts les couvrent jusqu'au sommet, et fourniraient indubitablement les plus riches récoltes à l'entomologiste qui les exploreraient avec soin. Ce serait principalement vers le nord qu'il devrait se diriger. Je regrette beaucoup de ne pas avoir pu m'y arrêter, car c'est ici que Mr. de Stéven m'a dit avoir trouvé le Carabus Iberus, le Cychrus aeneus, et plusieurs autres belles espèces. La meilleure saison pour une excursion semblable serait, à mon avis, le milieu du mois de Mai. La vallée de Sourame que l'on traverse, est couverte des plus magnifiques prairies, émaillées de mille fleurs, et entremêlées de bois et de buissons. La pluie qui ne discontinua pas de toute la journée, m'empêcha de faucher sur ces hautes herbes, ce que je regrettai d'autant plus que l'occasion de le faire se présente très-rarement dans les plaines de la Géorgie, où les prairies sont très-rares, et que je revins ainsi les mains vides d'une quantité de Coléoptères anthophiles que je n'aurais pu trouver que là. Depuis le moment où l'on quitte cette vallée, jusqu'à Tiflis, le pays, quoiqu'arrosé par plusieurs rivières, a l'air aride; le sol argilleux ne produit guères

qu'une herbe maigre, brûlée en été par un soleil ardent.
A deux stations de Tiflis, je trouvai sous des pierres
quantité de Brachinus, d'Acinopus, d'Ophonus,
quelques Harpalus, une Cymindis, un Panagaeus
4-pustulatus, deux Ditomus, une Lebia genicu-
lata; sur des ombellifères que l'ombre de quelques
broussailles avait préservées des rayons du soleil, je
pris quelques Cistela, des Mycterus, des Purpuri-
cenus, des Lytta, des Mylabris et quelques autres
insectes. J'arrivai enfin à Tiflis, non sans peine, à
cause du mauvais état des postes dans toute la Géorgie
occidentale. J'eus la satisfaction de retrouver ici le
Baron de Gotsch, entomologiste zélé, qui avait quitté
Kiew au commencement de l'année, pour explorer les
provinces transcaucasiennes, et qui venait précisément
d'arriver de Lenkoran et d'Elisabethpol, d'où il m'a fait
plusieurs beaux envois d'insectes. Nous résolûmes de
visiter ensemble le Kazbek, et dans ce but, nous repartîmes dès le surlendemain, voyageant à cheval pour
être moins gênés dans nos mouvements. Toute la vallée basse qui s'étend de Tiflis presque jusqu'à Douschet,
ne peut à cette époque de l'année, avoir que peu d'intérêt pour le voyageur qui n'a pas le loisir de s'arrêter
pour explorer le pays en détail. Au delà de Douschet commencent les premiers contreforts de la chaîne
centrale du Caucase, collines peu élevées encore et boi-

sées. Avant d'arriver à Ananour, je trouvai sous les pierres quelques bons insectes, tels qu'Ophonus monticola, Platysma anachoreta, etc. D'Ananour à Passananour, et jusqu'au poste de Kwischet, situé au pied de la montagne de la croix, on remonte l'Arigwa, torrent impétueux, qui, descendant des montagnes voisines du Kazbek, mêle ses eaux à celles de la Koura, en face des ruines de Mtskhéti, ancienne résidence des souverains de Géorgie, à 20 werstes au dessus de Tiflis. A Kwischet, nous fûmes reçus avec la plus grande amabilité par le prince Awaloff, chef du district des montagnards, dans la société duquel nous restâmes quelques heures, puis nous continuâmes notre route sur Kobi.

Depuis Passananour, nous nous retrouvions au milieu des formes gigantesques de la nature caucasienne. Les montagnes s'élevaient de plus en plus, à mesure que nous avancions; leurs versants et leurs cîmes sont couverts de forêts, et la neige y disparaît dès le mois de Mai. Au delà de Kwischet la scène change; les forêts disparaissent, les montagnes entièrement nues se couronnent de neiges éternelles. On quitte la vallée de l'Arigwa, vallée quelquefois tellement étroite, qu'au coeur même de l'été le soleil ne l'éclaire que pendant quelques heures, pour gravir une pente rapide qui vous amène bientôt à Kaïschaour, station située au milieu

de vastes solitudes, et dominée par des sommités entièrement dégarnies de végétation. On s'élève toujours
plus, le long d'affreux précipices, jusqu'à ce qu'on ait
atteint le sommet de la montagne de la Croix. Une
pluie fine et pénétrante, et un brouillard glacé furent
pendant tout ce temps nos compagnons fidèles. Réduits
à chercher ce qui pouvait s'être réfugié sous les pierres,
le long de la route, nous trouvâmes en abondance le
Carabus Eichwaldi, qui n'est peut-être qu'une des
formes du Varians, quelques C. osseticus, qui paraît étranger aux montagnes de l'Imérétie, quelques
Brachélytres appartenant aux genres Anthophagus
et Tachyporus, ainsi que quelques Geotrupes et
Aphodius. Comme ces recherches nous avaient pris
quelque temps, nous fûmes forcés de faire diligence
pour arriver au poste de Kobi avant la nuit. Une pluie
averse qui changeait les chemins en torrents, nous faisait presser le pas. Trempés jusqu'à la moëlle des eaux,
avec tous nos effets également mouillés, ce fut en vain
que nous demandâmes du bois à la station pour faire
du feu. Cet article qu'on y paie à la livre, ne peut y
être apporté qu'à dos de cheval, à la distance de plus
de 20 werstes, la route de poste n'y étant pas praticable
pour des chariots pesamment chargés, — et Kobi est
à 8000 pieds environ au dessus du niveau de la mer.
Qu'on juge de la position des voyageurs en hiver,

dans un endroit où l'on est quelquefois forcé d'attendre
15 jours que l'on ait frayé un chemin à travers les neiges
immenses qui encombrent ces sommités à cette époque
de l'année! Nous étions à la mi-Juin, et huit jours à
peine venaient de s'écouler depuis qu'il était tombé
une neige abondante, dont on voyait encore les restes
sur toutes les hauteurs environnantes. On conçoit que
nous passâmes une nuit des plus désagréables, et le
lendemain matin, grand fut notre désappointement,
quand nous vîmes que la pluie continuait toujours, sans
qu'elle parût devoir cesser. Force nous fut donc de
renoncer à gravir le Kazbek, dont nous n'étions plus
éloignés que de 20 werstes, car il ne fallait pas songer
à entreprendre une ascension semblable par un temps
pareil. Cependant nous avions à peine commencé notre
mouvement rétrograde que la pluie cessa, et nous en
profitâmes pour gravir à pied, le long d'un ruisseau,
une des hauteurs qui dominent le chemin de poste.
Déjà dans la vallée j'avais trouvé sous des pierres plusieurs Poecilus angusticollis m., espèce que je
n'ai trouvée que dans ce seul endroit, et l'unique Carabus exaratus que j'aie rapporté de mon voyage,
tandisque cette espèce est commune sur le versant opposé de la chaîne du Caucase aux environs de Piatigorsk. Sur la hauteur, je trouvai des Carabus osseticus, deplanatus, Boeberi, Procrustes Fi-

scheri Fald., Nebria elongata et Marschallii, Platynus elongatus, Feronia lyrata m., Agonum
rugicolle m., et Pterostichus regularis. Satis-
faits de cette petite excursion, nous retournâmes à nos
chevaux. Le long du chemin, je trouvai plus haut
quelques Eutroctes aurichalceus, et tout autour
du monument érigé à l'endroit le plus élevé de la route,
des Nebria Marchallii et intricata; après quoi nous
nous dépêchâmes de revenir à Kwischet, que nous n'at-
teignîmes cependant qu'après la tombée de la nuit.

Malgré ma non-réussite, je ne voulais pas quitter
cette partie du Caucase, sans avoir au moins une idée
de sa faune; et dans ce but, je résolus de gravir le lendemain une des montagnes qui dominent Kwischet.
Celle que je choisis comme la plus voisine, était d'un
accès infiniment plus facile que celles que j'avais esca-
ladées en Imérétie. Au pied de la montagne, sur les
sentiers entre les champs cultivés, courait en abondance le Poecilus obscuratus m., que je n'ai pas
rencontré ailleurs. Plus haut, mais à peu d'élévation,
je trouvai beaucoup de Carabus osseticus, deplanatus, Myosodus lacunosus m., ainsique le rare
C. 7-carinatus, sous des pierres, près d'un ruisseau
à demi desséché, et le plus petit Catops connu, pu-
sillus Motsch. Au moment où nous franchissions
les derniers bouleaux, mon compagnon de voyage

trouva sous une pierre un Pristonychus nouveau
fort remarquable, et quelques exemplaires du Procrustes Fischeri. Arrivé au sommet d'un col, je
vis à mes pieds une des belles vallées de l'Ossétie,
puis longeant un sentier sur lequel couraient des Cicindela trapezicollis m., que je n'ai pas vue voler, des Dorcadion, des Silpha et quelques autres
insectes, j'arrivai au bord d'un ruisseau qui décou-
lait d'un amas de neige, et dont je me mis à explorer les bords. Ici je retrouvai toutes les espèces
de la veille et quelques autres, telles que la Nebria
nigerrima, qui paraît fort rare, Omaseus caucasicus, etc. Enfin sur la cîme la plus élevée, je parvins à trouver un exemplaire du rarissime Carabus
Iberus, qui n'existe jusqu'ici que dans 3 collections
de Russie, et manque à toutes celles de l'étranger.
D'ici je jouis en même temps de la plus belle et de
la plus vaste vue. D'un côté, un océan de neiges,
sur lequel s'élevaient les têtes colossales du Kazbek,
du Ress et de la Mna, du plus pur blanc; de l'autre,
les cîmes obscures des montagnes boisées, diminuant
graduellement de hauteur et se confondant enfin avec
la plaine que borde encore à l'horizon la ceinture
bleue des montagnes d'Akhaltzik, distantes de plus
de 300 werstes. A côté du sentiment d'admiration
qu'on éprouve à l'aspect de ces beautés, l'on ne sau-

rait se défendre d'un sentiment de regret que la plus grande partie de ce Caucase qui fournirait tant d'inspirations aux peintres et aux poètes, et tant de sujets d'étude aux savants, soit inaccessible à l'homme civilisé.

Le lendemain matin, nous repartîmes pour Tiflis. Avant d'arriver à Passananour, nous nous arrêtâmes à l'endroit où la vallée se rétrécit le plus, pour jouir de l'ombre qui régnait encore à cette place, et pour faire quelques recherches sur les bords caillouteux de l'Arigwa, où je ne tardai pas à trouver quantité de Chlaenius caeruleus, quelques Peryphus et d'autres Bembidium. Le premier répand un odeur extrêmement forte de musc, qui ne se perd pas même longtemps après la mort de l'insecte. Je fis une halte de quelques heures à Passananour, où j'attrapai sur les bords sablonneux de la rivière les Cicindela riparia, lugdunensis et Fischeri, ainsique le Scarites arenarius. Au delà de Passananour, quelques Dinodes azureus, Ditomus obscurus, Zabrus gibbus et Carabus maurus ainsique quelques Brachélytres furent à peu près les seules choses que nous trouvâmes, si l'on en excepte quelques exemplaires d'Acinopus ammophilus que nous prîmes courant sur les chemins le soir, dans les endroits tout-à-fait arides. Cette fois-ci, je ne m'arrêtai à

Tiflis que 24 heures. La soirée fut très-chaude, et j'en profitai pour essayer d'un moyen que Mr. de Stéven m'avait indiqué comme très-commode pour se procurer beaucoup d'insectes que l'on ne rencontre presque jamais autrement. Il consiste à poser deux flambeaux sur une nappe étendue à terre à proximité des lieux qui servent en général de refuge aux insectes, tels que prairies, bois, pierres, etc.; les localités humides sont en général préférables. Attirés bientôt par l'éclat de la lumière, des insectes de tous les ordres s'y portent en foule. Je pris de cette manière des Harpalus, des Ophonus, des Chlaenius, des Ditomus (Odogenius) longipennis m., quelques Apotomus testaceus, un Zuphium olens, des Brachélytres, pour la plupart microscopiques, des Hydrocanthares, des Hydrophiliens, des Palpicornes, des Psélaphiens, et d'autres insectes. La soirée du lendemain, que nous passâmes à Hartsiskal, première station sur la route de Tiflis à Akhaltzik, fut également favorable à ce genre de chasse, et nous attrapâmes entre autres choses, ce jour là, plusieurs Brachinus bipustulatus, une Melasis, un Hypocoelus, mais ce qui me fit le plus de plaisir fut le Ditomus caucasicus, insecte très-rare encore dans les collections, et dont je pris quelques exemplaires. Le lendemain il commença à pleuvoir, et nous ne trouvâmes qu'un Calosoma indagator sous une poutre. Les belles prairies que j'avais vues entre Gori et Souram, lors de mon premier passage, n'existaient plus, la faux des Cosaques avait passé par là; nous dûmes nous borner à chercher à la hâte sous l'écorce de quelques troncs d'arbres gisant cà-et-là; et nos récoltes se bornèrent à une Loméchusa, à un Cucujus caucasicus Motsch. et à quelques Xylophages. Nous ne nous arrêtâmes point à Souram, qui n'est qu'à 70 werstes environ d'Akhaltzik. Ici finit la vallée de la Kartalinie, ainsi nommée, dit-on, à cause des vents continuels qui y soufflent; Gori en était le chef-lieu. La route de poste tourne à gauche et se rapprochant du Koura dant elle remonte le cours, pénètre dans les étroits défilés que forment en cet endroit les premiers échelons de la chaîne du Taurus, qui couvre toute la partie russe du ci-devant pachalik d'Akhaltzik de cîmes plus ou moins élevées, et dont plusieurs, près des frontières de la Turquie, atteignent la limite des neiges perpétuelles. Ces montagnes cependant ne s'élèvent que successivement, et la première rangée ne se compose que de hautes collines boisées. A mesure que l'on avance dans le défilé, leurs dimensions deviennent plus colossales. De hautes parois de rochers couronnés de pins qui s'inclinent sur d'affreux précipices, les pittoresques vallées qui rompent l'uni-

formité du paysage, et parmi lesquelles je ne citerai
que celle de Borjome, connue dans le pays pour ses
eaux thermales et ferrugineuses, les îles formées par
la Koura, présentent au voyageur une succession de
vues, dont aucune ne ressemble à celle qui l'a précé-
dée. La désorganisation d'une station de poste me for-
ça de passer la nuit dans un bouge infect à 20 werstes
de Sourame; je m'en consolai en attrapant sous les
cailloux des bords de la rivière, plusieurs Chlaenius
flavipes, quantité de C. coeruleus, Dyschirius
semipunctatus m., quelques Bembidium intéressants, une foule de Poederus ruficollis, quelques
autres Brachélytres, et de jolis Anthicus. Plus
loin, dans des localités arides, je trouvai des Zabrus
Trinii, un Ditomus spinicollis m., et quelques
Ophonus, mais je n'eus pas le loisir de m'arrêter pour
faire des recherches suivies. A Atzkhwér, je visitai
les ruines de l'ancienne forteresse turque, construite
sur une éminence, du haut de laquelle la vue s'étend
sur toutes les hautes montagnes couvertes de noires forêts de pins, et dont les cîmes serrées, semblent entas-
sées les unes sur les autres. Plus près d'Akhaltzik,
les montagnes se dégarnissent de forêts, et présentent
un aspect aride ; quelques taches blanches, restes in-
cohérents des neiges de l'hiver, s'y font remarquer toute
l'année. Au milieu d'elles, se déroule la vaste valiée

d'Akhaltzik, dans le coin le plus reculé de laquelle est située la ville et la fameuse forteresse du même nom, au bord d'une petite rivière qui verse ses eaux dans la Koura. On y entretient des communications régulières avec Erzéroum et Trébisonde par le moyen des caravanes, et les naturalistes courageux qui voudraient pénétrer de ce côté dans l'Asie mineure, pourraient s'en servir comme d'un point de départ. L'aridité des environs ayant peu d'attraits pour l'entomologiste, je m'éloignai au plus tôt pour retourner à Koutaïs par la voie des montagnes. Je jetai en passant un coup-d'oeil sur la forteresse qui tombe en ruines avec sa belle mosquée aux dalles de marbre, et je commençai à gravir une côte aride et brûlée par le soleil et jonchée de fragments énormes de rocs, entourés de pierres sous lesquelles je trouvai plusieurs insectes intéressants, entre autres Carabus Renardi m., Zabrus Trinii, et cognatus m., Ophonus monticola, Platysma anachoreta, plusieurs Brachélytres et un Minyops que Mr. de Motschoulsky, auquel je l'ai communiqué, m'écrit être nouveau, et auquel il a bien voulu attacher mon nom. En descendant de cette côte, couverte en partie de champs cultivés, on arrive au village d'Abbastouman, habité par des Turcs, et situé à l'entrée d'un défilé qui sépare deux rangées de hautes montagnes, et dans lequel on s'engage pour arriver au bout d'une heure de marche à une petite colonie allemande nommée Freudenthal, où se trouvent les eaux ferrugineuse dites d'Abbastouman. Cette colonie est située au sein d'un énorme massif de montagnes boisées, dont les cîmes s'élèvent à la limite des neiges. J'escaladai l'une d'elles le lendemain, en me rapprochant des frontières de la Turquie, qui ne sont qu'à une dixaine de werstes de la colonie. Ces montagnes sont en général très-escarpées, surtout dans leur partie inférieure, et d'un accès difficile. Partout le roc s'y montre à nu, dans les fentes duquel les arbres croîssent avec peine. Ce n'est que plus haut que commencent de magnifiques forêts de pins, au delà desquels reparaissent les froids bouleaux. Quantité d'arbres renversés y pourrissent, et le petit nombre de ceux que je pus retourner à la hâte, m'offrirent les deux magnifiques Carabus Lafertei et refulgens m.; Cychrus signatus, Carabus incatenatus, Nebria Marchallii. Plus haut, dans la région des bouleaux, je pris Pterostichus Schoenherri, le joli Calathus femoralis m., et Pristonychus pretiosus. Nous arrivâmes ensuite à de riches pâturages remplis d'herbes succulentes et des plus belles fleurs. Au sommet d'une côte très-élevée, je trouvai une infinité de petits tas de fourmis que je ne pus malheureusement pas examiner, mais que j'engage ceux qui visiteront ces lieux à ne pas négliger. Des champs entiers de Daphne couvrent les sommets; sous leurs feuilles sèches je ramassai des Calathus alternans Fald., Leistus femoralis m., et quelques autres insectes; des Cicindela trapezicollis couraient le long des sentiers. Sous les petites pierres au bord des ruisseaux je trouvai Cardiomera valida m., Feronia rufipalpis m., Agabus glacialis Hochhuth, etc. Les pierres sont malheureusement très-rares sur ces cîmes couvertes de terre végétale; près des neiges je ne trouvai sous le petit nombre de celles qui gisaient cà-et-là, que Carabus cribratus, incatenatus, Roseri, Pristonychus pretiosus, quelques Feronia et quelques Brachélytres. Il est à remarquer qu'à l'exception de la N. Marchallii et de l'intricata, je ne trouvai aucune Nebria particulière à ces montagnes. Arrivé au sommet, je pus promener mes regards sur l'Asie mineure, sur ce beau pays que des peuplades, vivant de sang et de rapine, rendent inabordable, semblables à ces dragons fabuleux qui ne laissaient approcher personne des trésors dont ils ne jouissaient pas eux-mêmes.

Le lendemain, à l'aube du jour, je fis mes adieux à mon compagnon de voyage. Ces adieux devaient être les derniers, car un mois après, il n'était plus! — Le temps-était superbe. Je gravis à cheval avec assez de difficulté, les pentes escarpées d'un col très-élevé qu'il faut traverser pour se rendre dans les vallées de l'Imérétie. Du sommet de ce col, où je m'arrêtai pour laisser reposer les chevaux, je contemplai avec délices la vue qui se présenta soudain à mes regards. C'était le gigantesque Elbrous avec toute la chaîne du Caucase, sur une étendue de plus de 400 werstes. Qui pourrait jamais oublier le sublime d'un pareil spectacle? — Je trouvai en cet endroit un magnifique Carabus que je crois être la femelle du C. Humboldtii, mais qui en diffère cependant par quelques caractères, mâle et femelle d'Eutroctes oxygonus m., Carabus incatenatus, et quelques Carabiques, mais en petit nombre, à cause de l'absence presque totale des pierres roulées sur le sommet. Les seuls abris que trouvent les insectes sur la superficie, sont les excréments desséchés des bestiaux, et je suppose qu'en général ils vivent dans des trous en terre. — On ne les rencontre donc guères qu'au moment où ils se mettent à la recherche de leur pâture, ce qu'ils font le soir ou de grand matin, et c'est précisément un temps où il est impossible de se trouver dans ces endroits éloignés de 15 werstes au moins de toute habitation, à moins de passer la nuit sur la montagne, ce que l'on ne peut faire sans prendre diverses précautions. — La descente du col vers les vallées s'effectue par des chemins épouvantables et même dangereux. Longtemps on reste suspendu sur un abîme vertical de plus de 2000 pieds de profondeur, aufond duquel on entend un torrent rapide rouler avec fracas ses eaux écumantes, entraînant avec lui des arbres entiers. Le sentier n'a pas plus d'un pied de largeur entre le précipice à droite et la paroi de rochers à gauche, et souvent le cheval roule plutôt qu'il ne marche sur le roc inégal. A ces dangers succèdent des obstacles d'une autre nature. Sur de longs espaces, le cheval s'enfonce presque jusqu'au poitrail dans une terre glaise liquide, où l'on n'avance que lentement et au pas. Cependant il y a des dédommagemens. L'oeil se complaît sans interruption dans des vues sauvages, mais pittoresques; peu-à-peu la scène prend un aspect plus riant. On quitte la région des sapins; on se retrouve avec un certain plaisir au milieu d'une végétation moins uniforme et plus chaude. On revoit avec satisfaction les belles plaines de l'Imérétie, plaines pittoresques où l'épaisse et sombre forêt succède au champ cultivé, où les villages disparaissent sous de riches voûtes de verdure, où l'homme seul, insouciant et paresseux, fait ombre au tableau. — Je m'arrêtai quelques instants à Bahdad, grand village situé à l'issue des vallées, et d'où l'on peut se rendre à Osourghéti, chef-lieu du Gouriel; après y avoir eu un second échantillon de la singulière et originale hospitalité des habitans de la classe supérieure, je franchis au galop de mon cheval l'espace qui sépare cet endroit de Koutaïs, que je quittai le soir même en téléga de poste pour m'embarquer sur le Rion à Maragne, poste situé sur la frontière de la Mingrélie. Je descendis ce beau fleuve en petite barque, et j'eus tout le loisir d'admirer ses bords pittoresques, plantés de magnifiques forêts, et parsemés de villages mingréliens. Pour arriver à Redoute-Kalé, on quitte le Rion pour suivre un canal étroit, presque parallèle au rivage de la mer, qui traverse d'immenses marécages boisés, et qui aboutit à la rivière de Khopi, sur laquelle est situé Rédoute-Kalé. Je dus attendre 4 jours entiers l'arrivée du bateau à vapeur qui devait me ramener à Kertch; et je ne pus pas m'absenter une seule fois pour faire des excursions dans les environs, dans la crainte que le pyroscaphe, qui n'arrive pas à des époques fixes, ne repartît sans moi. Je dûs me contenter d'aller me poster en sentinelle sur la plage, pour guetter l'arrivée si désirée du bâtiment, car le séjour de Redoute-Kalé est loin d'être agréable; aux chaleurs étouffantes et malsaines de l'été, aux miasmes fiévreux qui s'exhalent des vastes marais qui entourent la ville, se joignent des privations de toute espèce, auxquelles il est impossible de remédier. L'eau même y est impotable. — Cependant je fis une ample récolte de petits Carabiques, de Brachélytres et d'autres coléoptères sous les herbes et les fragments de toute espèce rejetés par la mer, ou apportés par la rivière; et c'est sur les bords de celle-ci que je découvris un insecte dont j'ai dû faire un nouveau genre que j'ai nommé Apristus. Enfin le 4 Juillet au matin, l'arrivée du pyroscaphe mit fin à mon attente, et à mon voyage au Caucase, qui avait duré un mois et 8 jours. Puisse l'entomologie, ma science chérie, en profiter autant que j'en ai rapporté de souvenirs et d'impressions ineffaçables!

L'on ne cherchera point sans doute à voir dans ce que l'on vient de lire, une relation de voyage. Je n'ai, en écrivant ces lignes, eu en vue que d'indiquer à ceux qui plus tard visiteront ces lieux dans le même but, les endroits où ils pourront retrouver les espèces intéressantes que j'en ai rapportées, ou découvrir encore beaucoup de choses nouvelles. Ce n'est donc qu'un manuel qui sera certainement utile au voyageur entomologiste qui parcourra ces contrées, et j'ai senti à chaque pas moi-même combien un guide semblable m'eût épargné de temps et de courses inutiles.

Je n'ai plus qu'un mot à dire sur les voyages de mon ami, le Baron Gotsch, qui m'a envoyé beaucoup d'insectes des provinces transcaucasiennes, parmi lesquels plusieurs Carabiques nouveaux, qui seront décrits dans les pages qui vont suivre. N'ayant pas entre les mains le journal de ses pérégrinations, je me bornerai à tracer l'itinéraire de son voyage. De Tiflis,

qu'il a quitté le 15 Mars, il s'est rendu à Bakou, en
traversant la Kakhétie, et la province de Schirwan,
mais le printemps a été si tardif, qu'il a presque partout trouvé l'hiver sur son passage; et ses récoltes ont
été à peu près nulles jusqu'à Lenkoran, où il est arrivé
au commencement d'Avril, en passant par Saliane et
en longeant les bords de la mer Caspienne. Son séjour
à Lenkoran a été d'un mois environ, et pendant tout
ce temps il a parcouru les environs, sans toutefois pénétrer dans les montagnes de Talyche, qui en sont peu
éloignées, et très-riches en insectes. En revanche les
plaines et les collines environnantes lui ont fourni beaucoup d'insectes qu'il m'a envoyés, et parmi lesquels j'ai
trouvé beaucoup de choses nouvelles, principalement
parmi les petites espèces qu'il n'a pas négligées. De
Lenkoran, il a traversé la steppe de Moukhan, plaine
aride qui lui a fourni quelques Mélasomes, et après un
séjour de quelque temps à Elisabethpol et dans les environs, où il a également recueilli beaucoup d'insectes,
il est revenu à Tiflis, presque qu'au même moment où
j'y arrivais du côté opposé. Après notre séparation
aux eaux d'Abbastouman, il s'est rendu à l'Ararat, dont
il a fait deux fois l'ascension, en compagnie d'un mi-
néralogue distingué, le professeur Abich, qui nous fera
bientôt part de ses études sur les montagnes du Caucase.
Il paraît qu'il avait trop présumé de ses forces et qu'il

ne s'etait pas assez ménagé, car 3 jours à peine après son retour à Tiflis, un fièvre nerveuse typhoïde le faisait descendre dans la tombe, victime de son zèle ardent pour la science.

II.

Je ne reparlerai pas ici des Pallas, des Adams, des Scovitz, des Ménétriés, des Motschoulsky et des Kolenati qui ont visité le Caucase avant moi. On pourra consulter à ce sujet l'intéressant fascicule du Dr. Kolenati sous le titre de »Meletemata entomologica, Petropoli 1845« pag. 5 et seq. Qu'il me suffise de dire que je n'ai suivi les traces d'aucun de mes prédécesseurs, et que la plupart des localités que j'ai explorées, ne l'avaient pas encore été. Aucun entomologiste n'avait pénétré dans les montagnes de l'Imérétie, de l'Ossétie occidentale, et quoique Mr. de Motschoulsky ait été aux eaux d'Abbastuman, il ne paraît pas qu'il ait gravi les montagnes voisines, où j'ai trouvé tant de choses nouvelles.

Dans la faune du Caucase et des provinces transcaucasiennes, il faut bien distinguer la faune alpine de
celle de la plaine, qui a un aspect tout différent. Nous
nous occuperons d'abord de la première pour la famille
des Carabiques.

En comparant les espèces que j'ai trouvées en Imérétie, avec celles qui proviennent des environs de la
montagne de la croix (Krestowaïa Gora), nous remar-
quons, non sans quelque étonnement, que la minime
partie seulement est commune aux deux localités, et
que presque toutes sont différentes. On observera la
même chose en comparant mes récoltes d'Abbastouman
avec les deux précédentes. Les espèces que M. Ménétriés a rapportées de l'Elbrouz, du versant septentrional et oriental de la chaîne du Caucase, sont encore différentes; et l'on peut en dire autant de celles du
sud-est de la chaîne du Caucase, qui a été visitée par
M. de Motschoulsky. Quoique peu connues, les montagnes du Ghilan qui couvrent une partie du Khanat de
Talyche, ont une faune bien différente de celle du Caucase. L'Ararat est dans le même cas, mais on remarque cependant une tendance à se fondre avec la faune
des montagnes d'Alaguéz et de Dilijan, dans le nord
de la province d'Arménie, dont M. de Motschoulsky
nous a fait connaître quelques espèces. Je ne sais pas
exactement sur quelles montagnes M. Scovitz a trouvé

les espèces alpines décrites par Faldermann, et dont j'ai retrouvé plusieurs près d'Abbastouman; mais comme Scovitz est mort à Koutaïs, en venant d'Osour-ghéti dans la Gouriel, je présume que, de même que M. le professeur Nordmann et le jardinier Wittmann, il aura visité la partie de la chaîne du Taurus la plus rapprochée de ce point, et qui n'est pas éloignée des montagnes que j'ai explorées. On voit par là combien il reste encore à faire pour arriver à une connaissance parfaite de la faune de toutes ces diverses montagnes. Puisse le Dr. Kolenati, qui s'y est rendu pour la seconde fois en qualité de fonctionnaire attaché à la personne de S. E. le Prince Worontzow, rendre cet immense service à la science !

Etablissons maintenant un parallèle entre la faune de ces montagnes, et celle des autres contrées alpines, sur lesquelles nous avons des données certaines, ce qui se bornera aux Alpes, dans toute leur étendue, et aux Pyrénées, celles-ci même très-imparfaitement, les hautes montagnes des autres parties du monde nous étant encore presque inconnues. — Nous remarquerons leur étonnante similitude sous le rapport des genres, et par conséquent des formes, et leur grande diversité quant aux espèces propres à ces 3 chaînes. Presqu'aucune espèce véritablement alpine n'est commune aux trois à la fois, car celles qu'on retrouve sur les sommités des unes et des autres habitent pour la plupart les plaines intermédiaires. Le genre Celia fait seul exception à cette règle. Celia punctulata, grandicollis, et Quenselii, qu'on trouve sur les Alpes, se retrouvent au Caucase. La première et la troisième sont en même temps les seules espèces des régions arctiques qu'on ait trouvées jusqu'à présent sur les alpes caucasiennes, tandisqu'on en trouve plusieurs sur les Alpes, dans les genres Nebria, Celia, Leirus, Leiochiton, Patrobus, etc. *). La découverte du Carabus croaticus qui a été trouvé par MM. Nordmann et Motchoulsky dans les montagnes occidentales du Caucase, est un fait qui me semble intéressant pour la géographie en général, car je ne m'explique sa présence dans ces localités qu'en remontant à une époque antérieure à la formation du bassin de la mer Noire, et par la réunion primitive des montagnes du Taurus avec la chaîne du Balkhan, hypothèse déjà émise, et que ce fait tendrait à confirmer. Si nous passons à la comparaison des formes auxquelles les espèces se rapportent, nous trouverons qu'à quelques exceptions près, elles sont les mêmes. Pour pouvoir mieux en juger, je donne ici une liste comparative des genres qui se trouvent sur les Alpes et sur les montagnes du Caucase et des pays transcaucasiens:

---

*) Voyez Heer »Fauna Coleopterorum helvetica.« P. I.

CAUCASE.		ALPES.	
GENRES.	ESPÈCES.	GENRES.	ESPÈCES.
Cicindela	11	Cicindela	7
Odacantha . . .	1	— — —	»
Cymindis	1	Cymindis	6
Dromius	1	Dromius	1
Lebia	2	Lebia	3
Aptinus? . . .	1	Aptinus	2
Brachinus . . .	5	Brachinus . . .	1
Scarites . . .	2	— — —	»
Clivina	1	Clivina	2
Dyschirius . . .	1	Dyschirius . . .	4
Ditomus	1	— — —	»
Cychrus	2	Cychrus	8
Procrustes . . .	3	Procrustes . . .	1
Procerus	2	Procerus	1
Carabus	54	Carabus	45
Callisthenes . . .	2	— — —	»
Calosoma	3	Calosoma	1
Leistus	3	Leistus	4
Nebria	14	Nebria	29
Omophron . . .	1	— — —	»
Elaphrus	1	Elaphrus	1
Notiophilus . . .	3	Notiophilus . . .	2
Panagaeus . . .	1	— — —	»

CAUCASE.		ALPES.	
GENRES.	ESPÈCES.	GENRES.	ESPÈCES.
— — —	»	Loricera	1
Chlaenius	9	Chlaenius	3
Dinodes	2	— — —	»
Licinus	3	— — —	»
Badister	2	Badister	1
Pogonus?	2	— — —	»
Patrobus	1	Patrobus	2
Dolichus	1	— — —	»
Pristonychus	10	Pristonychus	12
Calathus	9	Calathus	9
Taphria	1	Taphria	1
Sphodrus	1	— — —	»
Anchomenus	5	Anchomenus	4
Cardiomera	4	— — —	»
— — —	»	Platynus	5
Agonum	9	Agonum	8
Olisthopus	2	Olisthopus	1
Feronia	38	Feronia	90
Stomis	1	Stomis	2
Cephalotes	1	Cephalotes	1
— — —	»	Leiochiton	1
Zabrus	5	Zabrus	1
Eutroctes	10	— — —	»

CAUCASE.		ALPES.	
GENRES.	ESPÈCES.	GENRES.	ESPÈCES.
Leirus	4	Leirus	3
Leiocnemis . . .	1	Leiocnemis	6
Bradytus	2	Bradytus	4
Percosia	1	Percosia	3.
Celia	8	Celia	15
Amara	6	Amara . , . . .	15
Acinopus	1	— — —	»
Anisodactylus . .	3	Anisodactylus . .	1
Diachromus . . .	1	— — —	»
Ophonus	11	Ophonus	5
Harpalus	27	Harpalus	30
Stenolophus . . .	3	Stenolophus . . .	2
Acupalpus . . .	4	Acupalpus	3
Hispalis	1	— — —	»
— — —	»	Anophthalmus . .	1
Trechus	8	Trechus	14
Bembidium . . .	29	Bembidium . . .	30
59 genres.	total : 342	47 genres.	total : 397

D'après ce tableau, le nombre des genres de la faune caucasienne serait plus considérable que celui de la faune alpine. Cependant l'équilibre se rétablirait peut-être, si nous admettons que plusieurs insectes que M. Heer, dans sa faune helvétique, ne dit pas habi ter les montagnes, s'y retrouveront sans doute, et si nous reconnaissons un jour qu'il faut exclure du tableau des genres du Caucase les Aptinus et les Pogonus, que je n'y ai placés qu'avec doute. Quant aux Scarites, Ditomus, Dinodes, Acinopus et Hispalis, qu'on verra peut-être avec étonnement figurer dans une faune de montagnes, je m'explique leur présence dans les vallées assez élevées où je les ai rencontrés, par la proximité des plaines chaudes qui leur servent de patrie habituelle, et dès-lors il serait fort possible qu'on les trouve aussi dans la partie des Alpes qui se rapproche de l'Adriatique et de la Méditerranée. Enfin on n'a pas encore trouvé au Caucase les genres Leiochiton, Loricera, Platynus (véritable) et Anophthalmus, tandis qu'on y rencontre en revanche les Callisthenes, les Cardiomera *) (Platynus, Dej.) et les Eutroctes qui manquent aux Alpes.

Nous n'entrerons dans aucune considération sur le nombre relatif des espèces, parce que nous sommes loin de connaître le Caucase comme ou connaît les Alpes; nous dirons seulement que selon les apparences, ces montagnes possèdent une faune des plus riches et

---

*) Le genre Cardiomera, établi par Mr. Bassi, se retrouve dans les montagnes de la Sicile qui appartiennent au système alpin, sans cependant faire partie des alpes proprement dites.

des plus variées. Les genres polymorphes, tels que Carabus, Nebria, Calathus, Feronia, méritent de fixer un instant notre attention. On cherche en vain sur les Alpes et les Pyrénées des formes approchantes des Carabus iberus, Lafertei, refulgens, Mellyi, osseticus, deplanatus, Puschkinii, Humboldtii, Bonplandi, Renardi, et autres semblables, de même que nous ne connaissons pas d'espèces du Caucase qui ait véritablement de rapport avec les Carabus auratus, auronitens, Escheri, Solieri, rutilans, hispanus, splendens, purpurascens, etc., car les 4 premiers n'ont rien de commun, à vrai dire, avec ces formes singulières de Carabus exaratus, 7 carinatus. Quelle espèce alpine de Nebria comparera-t-on aux Nebria Marschallii, Fischeri, elongata, intricata? Les Calathus caucasicus, femoralis, alternans sont également des formes propres au Caucase. Tandis qu'on cherchera vainement sur les montagnes de l'Occident les Feronia lacunosa, Schoenherri, etc., rien au Caucase ne rappelle les Feronia edura, Jurinei, Welensii, fossulata et voisines, qui sont des espèces tout-à-fait propres aux Alpes; et ce qui est digne de remarque, c'est que l'on ne connaît au Caucase qu'un seul représentant du sous-genre Abax, et aucun Molops, ce qui tient peut-être au peu de recherches qu'on a faites jusqu'à présent dans la région des forêts, que ces insectes habitent de préférence. Je dirai en finissant, que l'une des formes les plus éminemment caucasiennes est le genre Eutroctes, généralement non moins remarquable par sa taille que par l'éclat des couleurs.

On peut déduire plusieurs conséquences intéressantes des observations que nous venons de faire. Je me bornerai à faire ressortir ce qui a rapport à l'étude de la distribution géographique des insectes. Ceux qui ont traité ce sujet après Fabricius, ont eu tort de ne pas développer l'idée qu'a eue ce grand entomologiste, en établissant pour les hautes montagnes un climat particulier qu'il a nommé alpin. Ils ont commis la faute de comprendre la faune des montagnes de chaque pays dans celle de ce pays, tandis que par le facies des espèces qui composent la première, celle-ci diffère essentiellement de la seconde. Ainsi l'on trouvera plus d'affinité entre les espèces des Alpes et du Caucase et celles des Alpes scandinaves et de l'Altaï, qu'entre ces mêmes espèces et celles des plaines qui s'étendent au pied de ces montagnes. La différence entre les espèces alpines et les espèces des pays plats sera d'autant plus grande qu'on se rapprochera davantage des tropiques. Après cela, on ne doit pas s'imaginer que je veuille dire, qu'en écrivant la faune d'un pays quelconque, on ne doive pas y placer les espèces de ses montagnes; il importe beaucoup seulement qu'on imite l'exemple de M. Heer, en indiquant approximativement les hauteurs des endroits que ces espèces habitent au dessus du niveau de la mer. Les voyageurs qui visitent un pays quelconque traversé par de hautes montagnes, devraient également indiquer soigneusement, si c'est dans les plaines ou sur les montagnes, et à quelle hauteur, qu'ils ont trouvé les insectes qu'ils en ont rapportés.

On a vu combien le caractère des deux faunes alpines que nous avons comparées est homogène, tandis que les plaines des deux pays appartiennent en divers endroits à deux régions différentes. Ainsi la Suisse doit être placée dans la région européenne, tandisque le midi du Piémont, les environs de Nice et de Gênes, le département du Var, l'Illyrie, la Croatie et la Dalmatie appartiennent à la région méditerranéenne, à laquelle nous rapportons comme une subdivision la région caspienne, qui comprend les pays transcaucasiens. La différence des latitudes est donc bien moins sensible sur les montagnes que dans les plaines, quoiqu'en ne puisse nier que leur influence existe. Ainsi le peu que nous connaissons de la faune de l'Himâlayah, de celles des Gattes et des Cordillières, diffère beaucoup de celle des montagnes de la zône tempérée. On peut donc admettre que les degrés de latitude causent des changemens dans les formes mêmes, tandis que les diffé-

rences du méridien amènent des variations des mêmes
formes, quand ces différences ne sont pas de nature à
embrasser au moins la moitié de l'équateur.

Les plaines plus ou moins ondulées, qui s'étendent
entre les diverses montagnes que nous avons énumérées au commencement de cette seconde partie de notre
introduction, depuis les bords de la mer Noire jusqu'à
la mer Caspienne, tout le littoral de celle-ci, et les
plaines de la Turcoménie et de la Boukharie, ont trop
d'affinité entre eux, pour qu'on ne les considère pas
comme faisant partie d'une même région entomologique, trop voisine elle-même de la région méditerranéenne, pour pouvoir en être entièrement séparée.
Tandis que le plus grand nombre des espèces ne sont que
des variations des formes qu'on rencontre dans les pays
du midi de l'Europe, quelques autres nous rappellent
les faunes de l'Egypte et de la Syrie; quelques-unes
seulement ont un facies qui leur est propre, et qui sert
à caractériser la faune locale, en servant de transition
à ce que nous connaîtrons un jour des plaines de la Chine,
situées sous les mêmes latitudes. — C'est sous ce rapport surtout que nous formons le voeu que les récoltes
faites par mon défunt ami, Alexandre Lehmann, dans
son voyage en Boukharie et à Samarkand, et que sa
famille a déposées depuis plusieurs années à l'Académie IMPERIALE des sciences de St. Pétersbourg, avec

le désir exprès qu'elles fussent incessamment publiées,
voyent enfin le jour. J'ai eu l'occasion de les examiner tout récemment, et j'ai été émerveillé des richesses
qu'elles contiennent. C'est de M. Ménétriés, entre
les mains duquel ces collections se trouvent, que nous
avons à attendre la publication prochaine de ces trésors, parmi lesquels se trouvent quelques genres nouveaux de la famille des Carabiques, et de très-beaux
Mélasomes.

Je n'ai pas cru devoir, dans cette énumération, m'é-
carter du système adopté par le Comte Dejean dans son
Species général, car, quoiqu'il laisse assez à désirer, je n'en ai pas trouvé d'autre qui me parût pré-
férable dans son ensemble. Je me suis donc borné à
introduire quelques genres établis par divers auteurs
depuis la publication de cet ouvrage classique. J'ai
conservé le genre Feronia, tel qu'il a été défini par
Dejean, parce que dans le tableau que j'ai publié sur
ce genre en 1838, je n'ai pas exposé en détail les caractères génériques de mes groupes, et l'on ne saurait
introduire dans la nomenclature des genres nouveaux
sans les avoir suffisamment définis; d'autant plus que
plusieurs entomologistes n'ont pas été d'avis que les
miens fussent assez tranchés. Je me suis donc contenté

d'indiquer les sections auxquelles, selon moi, les espèces que j'ai énumérées, doivent être rapportées.
J'ai déjà énoncé antérieurement ma façon de penser sur
l'utilité et la convenance des définitions latines; je
ne répéterai donc pas ce que j'ai dit la dessus, et l'on
n'en trouvera point en tête de mes descriptions. La
plupart de celles-ci sont comparatives, car il est infiniment plus facile de reconnaître une espèce nouvelle,
quand on sait auprès de quelle autre déjà connue elle
vient se placer. Celui qui possède l'espèce à laquelle
je compare la mienne n'aura qu'à lire les caractères
distinctifs que je relève pour connaître celle que je décris; au cas contraire, qu'il compare ma description
à celle du Species, et qu'il complette la première par
la seconde. Il m'a semblé parfaitement inutile de com-
pliquer la synonymie en citant tous les auteurs qui ont
décrit les espèces connues que j'énumère. Je renvoie
donc pour la synonymie au Species, que j'ai cité
toutes les fois que mes espèces y étaient décrites, en
y ajoutant quelquefois un ouvrage spécial, quand la
description que contenait ce dernier, m'a paru plus sa-
tisfaisante. J'ai aussi cité Faldermann, quand les
espèces que j'ai rapportées se trouvaient décrites dans
son ouvrage intitulé: Fauna entomologica transcaucasica, ou consignées dans le Catalogue qui le
termine, parce que je désire que cet opuscule serve de

supplément à cet ouvrage. Je crois enfin devoir prévenir les lecteurs que le nom d'auteur qui suit celui de l'espèce, ne se rapporte qu'à la dénomination spécifique.

J'ai rédigé un catalogue de toutes les espèces qui ont été trouvées à ma connaissance jusqu'à présent au Caucase et dans les provinces transcaucasiennes par les naturalistes qui ont exploré ces pays. Sur le nombre, il s'en trouve beaucoup que je n'ai jamais vues, ou pas suffisamment examinées. Je les ai notées d'un astérique, voulant indiquer par là que je n'en assumais pas la responsabilité qui doit retomber sur l'auteur que je cite. Un point d'interrogation précède les espèces de l'authenticité desquelles j'ai eu quelques raisons de douter.

On trouvera à la fin de mon énumération, la description d'un petit nombre d'espèces nouvelles de Carabiques que j'ai découvertes en Crimée. J'ai pensé que les Entomologistes me sauraient gré de cette petite addition, qui n'est peut-être pas déplacée ici, si l'on songe qu'il est très-probable qu'on les retrouvera un jour dans les provinces du Caucase, dont la faune a infiniment de rapport avec celle de cette péninsule.

CARABIQUES.

1. **M**EGACEPHALA EUPHRATICA, Olivier.

DEJ. Spec. I. p. 7.

FALD. Fauna Ent. Transcaucasica III. p. 40.

Dans les terres argilleuses entre Saliane et Lenkoran.

2. **C**ICINDELA DESERTORUM, Boeber.

DEJ. Spec. 1. p. 62.

FALD. Fauna transc. III. p. 40.

On la trouve dans diverses parties de la Géorgie
et de l'Imérétie jusqu'à 7000 pieds d'élévation.

3. C. RIPARIA, Megerle.

DEJ. Spec. 1. p. 66.

FALD. Fauna transc. III. p. 42.

4

Commune dans les hautes vallées de l'Imérétie, où elle vole rapidement sur les bords des ruisseaux et sur les routes, près du Rion, entre Oni et Utzéra (Juin). Je l'ai retrouvée à Passananour, sur les bords de l'Arigwa.

4. C. TRAPEZICOLLIS.

Voisine de la C. silvicola, MEGERLE. Tête moins renflée, plus étroite postérieurement; yeux plus saillants. Labre denté comme dans la Silvicola, mais moins prolongé au milieu, un peu sinué; angles latéraux moins arrondis. Corselet plus court, très-peu sinué devant et derrière; angles postérieurs très-peu, antérieurs nullement prolongés; l'angle que forme le dessus avec les côtés, moins arrondi, plus marqué; dessus un peu moins convexe; un petit tubercule à l'angle de la base, de chaque côté. Elytres un peu moins allongées, plus larges, plus parallèles, coupées plus carrément à l'angle huméral, moins convexes, plus finement granulées; dessin blanc plus mince, bande du milieu un peu oblique, moins dilatée près du bord extérieur, se rapprochant moins de la suture; la lunule apicale quelquefois interrompue. Couleur comme dans la Desertorum, quelquefois beaucoup plus foncée.

Cette espèce court sur les sentiers des montagnes

du Caucase central, d'Akhaltzik et d'Arménie, à 7000 pieds d'élévation, sans jamais voler. Elle remplace la C. gallica, Brullé (chloris, Dej., alpestris, Heer) des montagnes de la Suisse.

5. C. talychensis.

Bien distincte de la précédente, quoique très-voisine. Tête comme dans cette espèce, mais la partie au dessus de l'épistome, descendant plus verticalement, formant presque un angle droit avec le reste de la tête, et striée régulièrement sans rugosité; épistome à peine échancré. Labre très-blanc, plus longuement et plus étroitement prolongé antérieurement; dent aiguë; sinué de chaque côté de la dent; angle latéral plus arrondi; dessus également convexe. Corselet presque plane; angle des côtés avec le dessus encore plus tranché; impressions du dessus moins marquées, dessus des mamelons plane; sinuosités de la base très-peu marquées. Elytres plus étroites et plus courtes, assez planes, encore plus parallèles, plus brièvement arrondies à l'extrêmité, et visiblement dentelées en scie fine; la série de points enfoncés près de la suture bien distincte.

Couleur du dessus d'un rouge cuivreux assez brillant, chatoyant en vert, avec les impressions de la tête, du corselet, les points des élytres et les intervalles de la granulation d'un beau vert. Milieu du cor-

selet et de la poitrine vert ; côtés d'un rouge cuivreux
brillant ; abdomen bleuâtre ; anus vert un peu cuivreux.
Côtés du dessous parsemés de poils blancs peu serrés.
Les 4 premiers articles des antennes cuivreux, annelés
de vert, les autres noir-opaque. Pattes cuivreuses ;
cuisses en dessous, genoux, extrêmité des jambes et
tarses d'un beau vert, parsemés de poils blancs peu
serrés.

Cette espèce paraît très-commune au printemps,
dans les bois du Khanat de Talyche, près de Lenkoran.
J'en ai reçu beaucoup d'individus, tous semblables.

6. C. LUGDUNENSIS.

DEJ. Spec. I. p. 77.

FALD. Fauna transc. III. p. 41.

Je l'ai prise sur les bords de l'Arigwa, à Passananour (Juin).

7. C. STRIGATA.

DEJ. Spec. I. p. 78.

J'ai reçu cette espèce, très-rare dans les collections,
de la province d'Arménie, où le Baron de Gotsch l'a
trouvée au mois de Juillet. M. Fischer m'en ayant
sacrifié le second exemplaire de sa collection, il m'a
été possible de me persuader que mes exemplaires se
rapportaient positivement à l'espèce de Dejean, dont

la description est exacte. La couleur est plus ou moins
claire.

8. C. DIGNOSCENDA.

Je crois que cette espèce a été confondue jusqu'ici
par les naturalistes russes avec la C. orientalis, DEJ.
que je ne possède pas, mais qui me paraît distincte.
Je comparerai mon espèce avec la C. aegyptiaca qui
est généralement connue. Yeux un peu moins proéminents; corselet plus étroit, aussi long que large, côtés
moins arrondis; élytres moins parallèles, s'élargissant
un peu plus vers l'extrémité; ponctuation plus grande,
plus visible, moins serrée; dessin plus large; partie
droite de la bonde du milieu n'ayant pas l'air d'être
presque interrompue au milieu, un peu dilatée près de
la suture; crochet de la lunule apicale nullement sé-
paré, plus long, plus recourbé en dehors. Labre du
mâle sans dent, celui de la femelle avec une forte dent
au milieu.

D'un vert-cuivreux clair et brillant, avec une tache
cuivreuse sur les élytres des femelles, comme dans
l'Orientalis; côtés du corselet et de la poitrine peu
cuivreux en dessous; les deux derniers articles des
palpes maxillaires extérieurs verts.

J'en ai reçu plusieurs exemplaires semblables des
environs de Lenkoran.

9. C. connexa.

Voisine de la précédente. Labre du mâle un peu
denté au milieu. Corselet plus étroit, nullement arrondi sur les côtés, parallèle; impressions du dessus
moins marquées. Extrêmité des élytres imperceptible-
ment dentelée en scie, tandis qu'elle l'est fortement dans
la précédente. Lunule humérale non interrompue près
de l'extrêmité; bande du milieu descendant en angle
droit près de la suture, et atteignant presque le point
qui doit en former l'extrêmité inférieure.

Cette espèce et celles qui, dans le Species de Dejean
avoisinent les C. orientalis et aegyptiaca sont tellement voisines, qu'il sera difficile d'en établir avec cer-
titude les caractères spécifiques tant qu'on n'en possé-
dera pas plusieurs exemplaires. Plus j'examine la C.
aegyptiaca? de mon article intitulé: »Corrections et
additions au Catalogue des Carabiques d'Astrabat« (Bulletin de Moscou, année 1844 p. 803), plus je suis
d'avis d'en faire aussi une espèce distincte, pour laquelle j'ai proposé le nom de dentilabris.

10. C. Fischeri, Adams.

Dej. Spec. I. p. 103.
Fischer Entomogr. I. p. 9. Tab. I. fig. 6.
Je l'ai trouvée en compagnie de la C. lugdunen-
sis, sur les bords de l'Arigwa.

11. C. littoralis, Fabricius.

Dej. Spec. I. p. 104.

Fald. Fauna transc. III. p. 40.

Le Baron Gotsch a trouvé cette espèce en Arménie (Juillet — Août).

12. C. germanica, Fabricius.

Dej. Spec. I. p. 138.

Fald. Fauna transc. III. p. 42.

J'en ai pris un individu en Imérétie, au sommet du col du Nakéral, à 6000 p. de haut. Elle est très-commune au printemps dans la Géorgie méridionale. Dans quelques exemplaires, le corselet est tout-à-fait cylindrique.

13. Drypta emarginata, Fabricius.

Dej. Spec. I. p. 183.

Fald. Fauna transc. III. p. 42.

Dans les marais boisés de Redoute-Kalé, sous les feuilles sèches, et dans la Géorgie méridionale.

14. Zuphium olens, Fabricius.

Dej. Spec. I. p. 192.

Fald. Fauna transc. III. p. 43.

Je l'ai trouvé à Tiflis, le soir, à la lumière (Juin).

15. Cymindis Andreae, Ménétriés.

Fald. Fauna transc. I. p. 8. Nr. 6, tab. I. f. 3.

Elle m'a été envoyée, des environs de Lenkoran
Avril).

16. C. pallidula.

Long. $3\frac{2}{3}$ lignes.

Voisine de la C. suturalis, mais beaucoup plus
petite et plus étroite. Tête plus étroite, allongée,
brillante, très-faiblement ponctuée, avec deux fossettes
peu profondes entre les antennes. Yeux assez saillants.
Corselet n'excédant pas la largeur de la tête avec les
yeux, guères plus court que la largeur antérieure, très
cordiforme, avec tous les angles arrondis; bord antérieur peu échancré; côtés peu arrondis antérieurement,
très-légèrement sinués près de la base; celle-ci assez
arrondie; dessus peu convexe, nullement déprimé sur
les côtés; bords latéraux finement rebordés, un peu relevés sur l'angle même de la base; ligne médiane distinctement enfoncée, n'atteignant pas les deux extré-
mités; base déprimée des deux côtés. Elytres postérieurement du double plus larges que le corselet, se
rétrécissant insensiblement vers la base; largeur du
bord antérieur n'excédant pas celle de la base du corselet; épaules nullement saillantes, tout-à-fait arrondies; presque ovalaires, peu allongées, tronquées et
arrondies légèrement à l'extrémité; planes, finement

striées ; stries lisses ; intervalles très-planes, à peine ponctués, glabres. Corps lisse en dessous ; abdomen dépassant considérablement l'extrêmité des élytres, ponctué en dessus.

Tête, corselet et dessous du corps d'un rouge testacé ; élytres pâles, sans taches ; antennes et palpes ferrugineux.

Cette jolie petite espèce vient aussi des environs de Lenkoran (Avril).

17. C. lineata, Schoenherr.

Dej. Spec. I. p. 207.

Fald. Fauna transc. III. p. 43.

Egalement de Lenkoran (Avril).

18. C. palliata, Stéven.

Fischer Entomog. II. p. 22, tab. XXXVII. f. 3.

Il serait à désirer que l'on trouvât un plus grand nombre d'exemplaires de cette espèce, un peu douteuse jusqu'à présent à cause de sa grande ressemblance avec la précédente. Je n'en ai trouvé qu'un individu, sous une pierre, en allant d'Akhaltzik à Abbastouman, au haut de la côte (Juin).

19. C. axillaris, Fabricius.

Dej. Spec. I. p. 211.

FALD. Fauna transc. III. p. 44.

Je l'ai reçue des environs d'Elisabethpol et d'Eriwan (Avril et Juillet) et je l'ai trouvée près d'Ananour, sous une pierre. Ce dernier exemplaire est très-grand et plus foncé (Juin).

20. C. MILIARIS, Fabricius.

DEJ. Spec. I. p. 216.

FALD. Fauna transc. III. p. 44.

Répandue par toute la Géorgie (Avril — Juin).

21. DEMETRIAS LONGICORNIS.
Long. $2\frac{3}{5}$ lignes.

La plus grande espèce européenne du genre. Tête plane, allongée, rétrécie à la base et à l'extrémité, lisse, avec de fines rides entre les yeux et deux fossettes entre les antennes. Yeux planes, peu proéminens. Antennes minces, plus longues que dans les autres espèces, à articles plus allongés. Corselet un peu plus court que la tête et plus étroit, un peu plus long que large, peu arrondi sur les côtés antérieurement, bien sinué près des angles postérieurs qui sont très-saillants, ce qui fait paraître le corselet à peine rétréci à la base; lisse, mais finement ridé transversalement; côtés finement rebordés; une ligne longitudinale imprimée sur le milieu; fossettes de la base courtes, mais profondes.

Elytres fort allongées, très-parallèles, plus larges que le corselet; épaules largement arrondies, extrêmité tronquée obliquement; dessus plane, finement strié; stries légèrement ponctuées; intervalles planes, distinctement ponctués en séries. Dessous du corps lisse.

Tête noire; corselet rougeâtre; épistome, parties de la bouche, antennes et dessous du corps testacé-clair; élytres d'un jaune blanchâtre, avec la suture étroitement obscurcie, effacée près de l'écusson et tout près de l'extrêmité. Milieu de la base de l'abdomen foncé. Pattes de la couleur des élytres.

Plusieurs exemplaires provenant des environs de Lenkoran (Mai — Juin).

22. Dromius linearis, Oliv.

Dej. Spec. I. p. 233.

Fald. Fauna transc. III. p. 44.

Environs de Lenkoran (Avril — Juin). Exemplaires de grande taille.

23. D. fasciatus, Fabricius.

Dej. Spec. I. p. 238.

Plaines de la Géorgie.

24. D. plagiatus, Duftschmidt.

D. corticalis. Dej. Spec. I. p. 243.

On le trouve près de Tiflis, en tamisant les feuilles sèches au jardin botanique (Mars).

25. D. GLABRATUS, Duftschmidt.

DEJ. Spec. I. p. 244.

Très-commun en Géorgie, dans les plaines, au printemps. (Quelquefois très-petit.)

26. D. MAURUS, Megerle.

STURM Fauna. VII. p. 55, tab. 61, f. d. D'.

Remarquable par la brièveté des élytres qui laissent une grande partie de l'abdomen à découvert. Sa taille égale à peine celle des plus petits exemplaires du D. glabratus. On le trouve en Mingrélie (Rédoute-Kalé), sur les bords de la Khopi (Juin).

27. D. PATRUELIS.

Voisin du D. spilotus, mais indubitablement distinct. Tête plus rétrécie postérieurement. Corselet plus étroit que la tête avec les yeux, plus allongé, plus rétréci postérieurement; milieu de la base plus prolongé; côtés de celle-ci plus obliques. Elytres plus étroites, plus longues, plus parallèles, plus planes, plus brillantes, indistinctement striées; intervalles planes. Antennes plus allongées.

D'un noir bronzé obscur, assez brillant; jambes

et tarses brunâtres; tache humérale allongée, descendant obliquement vers la suture , et se prolongeant
presque, dans quelques individus, jusqu'à la tache de
l'extrêmité; toutes deux peu distinctes, jaunâtres.

J'en ai reçu un certain nombre d'exemplaires du
midi de la Géorgie.

28. D. spilotus, Ziegler.

Dej. Spec. I. p. 246.
En Géorgie et en Mingrélie, près des rivières (printemps).

29. D. pallipes, Ziegler.

Dej. Spec. I. p. 246.
Géorgie plane (printemps).

30. Lebia geniculata, Mannerheim.

Bulletin de Moscou 1837, Nr. II. p. 33.
Je l'ai trouvée en fauchant sur l'herbe, près de
Gori en Géorgie (comm. de Juin).

31. L. cyanocephala, Fabricius.

Dej. Spec. I. p. 256.
Fald. Fauna transc. III. p. 45 (?).
Très-commune au printemps, près de Lenkoran;
on la trouve aussi au Caucase.

32. L. cyathigera, Rossi.

Dej. Spec. 1. p. 260.

Fald. Fauna transc. III. p. 45.

En Géorgie, près de Tiflis, au printemps. Une variété plus foncée offre une large tache triangulaire à la base des élytres, autour de l'écusson.

Apristus, nov. gen.

Crochets des tarses non dentelés.

Lèvre supérieure très-courte, coupée carrément.

Menton légèrement sinué, mais sans dent au fond de l'échancrure.

Languette courte, large, coupée carrément et légèrement échancrée en arc de cercle; paraglosses étroits, ne la dépassant pas, adhérents jusqu'à l'extrêmité.

Palpes labiaux courts, dernier article ovalaire, un peu renflé, tronqué légèrement, garni de quelques poils.

Maxilles fortes, peu allongées, droites, fortement crochues, ciliées intérieurement.

Palpes maxillaires externes courts; dernier article comme dans les labiaux, beaucoup plus long que le précédent, qui est très-court.

Mandibules courtes, larges à la base, subitement crochues à l'extrêmité.

Antennes (comme dans les Dromius).

Pattes (id.); les 3 premiers articles des deux tarses antérieurs un peu dilatés en triangle, garnis de brosses en dessous. Tarses garnis de quelques poils en dessus.

Facies des Coptodera et Catascopus.

Etymologie (ἀ, priv. πριςός, en scie), à cause des crochets non dentelés.

33. A. SUBAENEUS.

Long. 2 lignes.

Tête large, peu allongée, à peine rétrécie postérieurement, plane, avec deux stries courtes entre les antennes. Yeux grands, assez saillants. Corselet cordiforme, pas plus large que la tête avec les yeux, moins long que large, très-peu échancré antérieurement, un peu arrondi à la base; angles antérieurs droits, nullement arrondis ni avancés; côtés s'élargissant derrière les angles sans y être arrondis, arrondis avant le milieu, et commençant déjà là à se rétrécir, fortement sinués près des angles postérieurs; ceux-ci droits, aigus et un peu saillants en dehors; dessus assez plane; impressions transversales (celle de la base en angle rentrant et assez éloignée de la base), et la ligne du milieu bien marquées; côtés finement rebordés. Elytres au moins deux fois et demie plus larges que le corselet, un peu plus longues que larges, très-échancrées et finement rebordées à la base, autour de l'écusson; épaules arrondies, avancées; côtés presque parallèles, très-finement rebordés; extrêmité tronquée presque carrément; angles extérieurs arrondis; dessus très-plane au milieu, et descendant un peu vers les bords et l'extrêmité; les 4 premières stries distinctes, lisses, peu enfoncées, effacées près de la base, les autres presque tout-à-fait effacées; sur le milieu du 3e intervalle deux points peu distants l'un de l'autre. Dernier anneau de l'abdomen dépassant considérablement le bout des élytres, pointillé en dessus. Tout l'insecte finement réticulé, ce qui le fait paraître opaque.

Noir obscur, un peu bronzé en dessus.

Sur les bords de la Khopi, au dessous de Rédoute-Kalé, sous les fucus rejetés par l'eau (Juin).

34. BRACHINUS CREPITANS, Fabricius.

DEJ. Spec. I. p. 318.

FALD. Fauna transc. III. p. 46.

Environs d'Akhaltzik, sous les pierres (Juin).

35. B. EFFLANS, Hoffmansegg.

DEJ. Spec. V. p. 430.

Environs de Lenkoran (Avril).

36. B. graecus.

Dej. Spec. V. p. 430.

Fald. Fauna transc. III. p. 46.

Dans toutes les provinces transcaucasiennes, sous les pierres (Avril — Juin).

37. B. pectoralis, Ziegler.

B. immaculicornis (?). Dej. Spec. II. p. 466.

Fald. Fauna transc. III. p. 46.

Dans les mêmes localités que le précédent et dans les montagnes du Caucase.

38. B. explodens, Duftschmidt.

Dej. Spec. I. p. 320.

Fald. Fauna transc. III. p. 46.

Commun dans les provinces transcaucasiennes et au Caucase.

39. B. explodens, var. (?) costulatus, mihi.

Diffère de l'espèce type, par la taille un peu plus grande, le corselet plus opaque, moins arrondi sur les côtés antérieurement, les élytres à côtes bien distinctes, plus larges, plus convexes, d'un brun un peu rougeâtre.

N'en possédant qu'un seul individu, je ne me suis

pas décidé à en former une espèce particulière. Il vient des environs de Lenkoran.

40. B. GLABRATUS, Bonelli.

DEJ. Spec. I. p. 320.
FALD. Fauna transc. III. p. 47,
Non moins commun que le précédent.

Les deux espèces de Brachinus énumérées en dernier lieu, sont tellement voisines, qu'il serait curieux de faire des observations dans les pays où toutes deux sont communes, pour décider si elles n'appartiennent pas à une même espèce, ce qui serait très-facile à un entomologiste habitant ces pays.

41. B. PSOPHIA, Sanvitale.

DEJ. Spec. I. p. 321.
FALD. Fauna transc. III. p. 47.
Provinces transcaucasiennes.

42. B. BOMBARDA, Illiger.

DEJ. Spec. I. p. 322.
FALD. Fauna transc. III. p. 47.
Environs de Lenkoran (Avril).

43. B. SCLOPETA, Fabricius.

DEJ. Spec. I. p. 322.
Environs de Lenkoran (Avril).

44. B. nigricornis, Gebler.

Dej. Spec. V. p. 429.

Des mêmes localités.

45. B. bipustulatus, Stéven.

Dej. Spec. 1. p. 323.

Fald. Fauna transc. III. p. 46.

Pris le soir à la lumière, à Hartsiskal, près de Tiflis (Juin).

46. B. quadripustulatus.

Dej. Spec. V. p. 432.

Fald. Fauna transc. III. p. 46.

Environs de Lenkoran (Avril).

47. B. cruciatus, Stéven.

Dej. Spec. I. p. 324.

Fald. Fauna transc. III. p. 46.

Des mêmes localités.

48. Scarites arenarius, Bonelli.

Dej. Spec. I. p. 396.

Fald. Fauna transc. III. p. 48.

Au bord des rivières et sur le rivage de la mer, dans les provinces transcaucasiennes et dans les hautes vallées du Caucase central.

49. S. planus, Bonelli.

Dej. Spec. I. p. 395.

Fald. Fauna transc. III. p. 48.

Entre Bakou et Lenkoran. J'en ai reçu deux variétés, l'une remarquable par sa couleur d'un noir terne, l'autre par sa petite taille.

50. Clivina arenaria, Fabricius.

Dej. Spec. I. p. 413.

Fald. Fauna transc. III. p. 48.

Provinces transcaucasiennes.

51. C. ypsilon, Godet.

Dej. Spec. V. p. 502.

Prise à Tiflis, le soir à la lumière (Juin).

52. C. ovipennis.

Long. 3 lignes.

Plus grande même que les exemplaires de la C. arenaria qu'on trouve en Géorgie. Yeux plus saillants; corselet plus large, surtout postérieurement, plus rétréci antérieurement, plus arrondi sur les côtés près des angles postérieurs et antérieurs qui sont moins marqués. Elytres un peu ovalaires, légèrement arrondies sur les côtés, et non parallèles. Dent du côté postérieur des jambes antérieures plus saillante et plus aiguë.

Environs de Lenkoran.

Variété (?) **C. infuscata**, diffère par sa couleur rougeâtre, et une grande tache noirâtre sur tout le disque des élytres. Cette variété est très-commune sur les bords de la mer, à Redoute-Kalé (Juillet); j'en ai trouvé aussi un individu en montant le Nakéral. Elle se rapporte à l'espèce type comme la **C. discipennis**, MEGERLE à la **C. arenaria**.

53. DYSCHIRIUS ABBREVIATUS.

Long. $1\frac{2}{5}$ ligne.

Voisin du **thoracicus**, FABR. Tête comme dans cette espèce, avec les 3 lobes du chaperon plus aigus. Corselet beaucoup plus étroit, aussi long que large, rond, moins renflé postérieurement, moins rétréci antérieurement, angles antérieurs plus arrondis; dessus beaucoup moins convexe devant l'impression transversale de la base; ligne du milieu moins profonde; prolongement de la base plus marqué. Elytres plus larges que le corselet, moins convexes que dans le **thoracicus**; épaules beaucoup plus marquées, presque droites et arrondies au sommet; stries plus fortement ponctuées, les intérieures effacées autour de l'écusson, à une assez grande distance; bords extérieurs et extrémité presque lisses depuis le milieu à peu près, avec quelques vestiges de stries autour de l'enfoncement qu'on observe près de l'extrêmité; trois points enfoncés sur le 3e intervalle. Jambes antérieures dentelées comme dans le **thoracicus**, la dent inférieure du côté externe est moins dirigée en bas.

Entièrement d'un noir brillant, très-légèrement bronzé, mandibules et 1r article des antennes légèrement ferrugineux.

J'en ai reçu un certain nombre d'exemplaires des environs de Lenkoran (Avril).

54. D. PUSILLUS.

DEJ. Spec. I. p. 425.

Pris le soir à la lumière, à Tiflis (Juin).

55. D. DIMIDIATUS.

Long. $1\frac{2}{3}$ ligne.

Plus grand que D. **gibbus**. Tête plus allongée; lobes latéraux du chaperon moins saillants; impression transversale du front moins marquée. Corselet plus étroit, moins globuleux, plus pédonculé; angles antérieurs presque droits, moins arrondis, ainsi que les côtés près de la base. Elytres plus larges que le corselet, presque tronquées carrément, et peu arrondies à la base, à épaules obtuses, mais marquées; plus allongées que celles du Gibbus, atteignant leur plus grande largeur peu après les épaules, commençant à diminuer de largeur avant le milieu, moins convexes, à stries effacées sur les côtés et depuis le milieu jusqu'à l'extrémité; trois points enfoncés sur le 3ᵉ intervalle; dentelure du côté extérieur des jambes antérieures peu marquée.

Dessus d'un vert-bronzé peu obscur, brillant. Corselet et poitrine en dessous d'un brun-rougeâtre, le reste brun-foncé. Pattes, antennes et palpes d'un rouge ferrugineux plus ou moins foncé, base des antennes plus claire.

Plusieurs exemplaires sous les cailloux des bords de la Koura, près de la route de Souram à Akhaltzik (Juin).

56. ARISTUS OBSCURUS, Stéven.

DEJ. Spec. I. p. 445.
FALD. Fauna transc. III. p. 48.
Répandu dans les provinces transcaucasiennes, où il demeure sous les pierres dans les lieux arides (Juin).

57. A. EREMITA, Stéven.

DEJ. Spec. I. p. 447.
Je l'ai reçu des environs de Bakou (Avril).

58. Ditomus spinicollis (?) mihi.

Bulletin de Moscou, 1843, p. 743.

Deux individus de Lenkoran, et un 3e trouvé sous une pierre, sur les hauteurs qu'on traverse avant d'arriver à Atzkhwér, sur la route de Souram à Akhaltzik, m'ont paru devoir se rapporter à la femelle de mon D. spinicollis, espèce d'Algérie, très-voisine du Cornutus, Dej.

59. Odogenius longipennis.

Long. $3\frac{1}{2}$ ligne.

Tête carrée, presque plus longue que large, à ponctuation forte et serrée; partie postérieure convexe, front assez plane, à impressions latérales à peine sensibles; épistome rétréci antérieurement, tronqué carrément; yeux hémisphériques, très-proéminents. Antennes assez minces, longues, atteignant presque le tiers de la longueur des élytres; premier article médiocrement allongé, presque cylindrique. Corselet d'un tiers plus large que la tête, un peu moins long que large, pédonculé postérieurement, légèrement échancré antérieurement, un peu sinué à la base; côtés très arrondis également jusqu'au commencement du pédoncule; celui-ci égalant presque le quart de la longueur du corselet et la moitié de sa largeur; angles antérieurs

obtus, mais à peine arrondis au sommet; les postérieurs droits, très-aigus, mais nullement saillants; dessus assez convexe, très-incliné vers les angles antérieurs, fortement ponctué, et pointillé finement dans
les intervalles des points; avec deux impressions transversales larges, l'antérieure en demi-cercle, la postérieure droite, un peu plus sensible; côtés très-finement
rebordés; de chaque côté de la base une impression
longitudinale peu marquée; ligne du milieu effacée
aux deux bouts, mais distincte sur le disque, qui est
un peu plus lisse que les bords. Elytres à peine plus
larges que le corselet, deux fois et demie plus longues,
tronquées presque carrément à la base; épaules droites
mais arrondies; côtés tout-à-fait parallèles, extrémité
assez obtusément arrondie; dessus plane, descendant
assez subitement vers les côtés et l'extrémité; stries
assez marquées et distinctement ponctuées; intervalles
planes, se relevant un peu vers les côtés et l'extrémité;
suture s'élevant un peu en carène depuis le milieu;
ponctuation des intervalles distinctes, irrégulièrement
disposée sur deux lignes qui se confondent; à la base
près de l'écusson une petite strie courte. En dessous,
ponctuation du corselet et de la poitrine très-forte;
celle de la tête et de l'abdomen plus fine, mais plus
serrée; tout l'insecte est couvert de poils hérissés jaunâtres qui sortent des points enfoncés, et forment sur

les élytres, vus d'une certaine manière, des stries pubescentes.

Brun-foncé, cuisses un peu ferrugineuses; (dilatation des tarses antérieurs comme dans les autres espèces de ce genre).

Il n'est pas rare aux environs de Tiflis, où on le prend le soir à la lumière (Juin); j'en ai reçu un individu des environs de Lenkoran.

M. de Motschoulsky, auquel j'ai communiqué cet insecte, m'écrit qu'il considère cette espèce comme l'O. (Ditomus) angustus, MÉNÉTRIÉS, dont on trouve une courte définition dans le Catalogue raisonné de ce dernier, p. 104. J'engage Messieurs les entomologistes à lire celle-ci pour décider s'il est possible de reconnaître une espèce de ce genre dans ces lignes. Ce n'est cependant que là-dessus que M. de Motschoulsky a fondé son jugement.

60. O. CAUCASICUS.

DEJ. Spec. V. p. 520.

J'en ai trouvé quelques exemplaires avec le précédent, à Hartsiskal, près de Tiflis.

61. APOTOMUS TESTACEUS.

DEJ. Spec. I. p. 451.

Pris le soir à la lumière, à Tiflis (Juin). J'en ai

trouvé aussi un exemplaire sous une pierre à Kertch en Crimée, près des bords de la mer.

62. Cychrus signatus.

Fald. Fauna transc. III. p. 49.

Je l'ai pris dans les bois, sur les montagnes voisines d'Akhaltzik, à 5000 p. environ d'élévation, sous des troncs pourris. M. de Nordmann en a aussi rapporté quelques exemplaires, et le Baron Gotsch l'a retrouvé en Arménie.

63. Procerus caucasicus, Adams.

Dej. Spec. II. p. 25.

Fald. Fauna transc. III. p. 49.

J'en ai trouvé un individu mort dans les montagnes entre Oni et Glola en Imérétie, sous les feuilles sèches des bois. La vraie patrie de cet insecte est le versant septentrional du Caucase, près de Piatigorsk.

On m'a assuré à Redoute-Kalé, qu'un insecte semblable (peut-être P. colchicus, Motsch.), était très-commun dans les jardins aux mois de Mars et d'Avril, au point que les enfans s'amusaient à lui attacher un fil aux pattes. La même chose m'a été répétée par les colons allemands de Freudenthal, près d'Akhaltzik, vallée élevée d'environ 2000 p. au dessus du niveau de la mer. Comme j'ai visité ces pays au mois de

Juin, la saison était passée pour cet insecte, de sorte que je n'en ai point rapporté.

64. Procrustes Fischeri.

Fald. Fauna transc. I. p. 14, tab. IV. f. 5.

M. de Motschoulsky m'a fait remarquer que l'insecte que je lui ai envoyé sous le nom de P. caucasicus, n. sp. devait être rapporté au P. Fischeri, Fald., ce dont un examen réitéré de l'exemplaire qui a servi de type à Faldermann, et qui fait maintenant partie de ma collection, m'a pleinement convaincu. En outre je possède sous le nom de P. talyschensis, Ménétriés, un exemplaire que j'ai reçu de ce dernier, provenant de son voyage, et qui ne m'a pas paru différer de l'insecte qui figure sous ce nom dans le Musée de l'Académie. Cet insecte ne m'a pas semblé non plus différer spécifiquement du P. Fischeri et je crois qu'il faudra les considérer comme synonymes, en donnant toutefois la préférence au nom de M. Ménétriés, comme le plus ancien, ce que je ne me suis pas décidé à faire, jusqu'à ce que celui-ci nous ait donné quelques renseignemens sur le P. talyschensis de son Catalogue. Quant au P. talyschensis de la Fauna transcaucasica (I. p. 15), dont la description convient assez à l'exemplaire que j'ai trouvé dans la collection Faldermann, et qui vient d'Astrabat en Perse, je crois qu'il ne diffère pas du P. luctuosus, Zoubkoff, qui habite les mêmes localités, et dont je possède également un exemplaire rapporté par M. Karéline.

J'ai trouvé mes exemplaires du P. Fischeri, entre Kobi et Kaïschaour, et sur la montagne de Kwischet, sous des pierres au delà de la limite des bouleaux ; j'en ai rapporté aussi un individu du sommet des montagnes d'Akhaltzik ; il en résulte que son habitat est très-étendu, et qu'il pourrait bien se retrouver sur les montagnes de Talyche.

65. Carabus Motschoulskyi.

Kolenati, Melet. entom. p. 31, tab. I. f. 4. a. b.
C. Victor, Fischer. Bulletin de Moscou IX. 1836. p. 350, tab. 5. f. 2.

J'ai crû devoir adopter le nom que M. Kolenati a donné à cette espèce, car il n'est pas reçu en entomologie de donner aux espèces les noms de baptême des auteurs. Je l'ai reçue d'Arménie, mais on la trouve aussi près de Tiflis et d'Akhaltzik. Elle me paraît se placer le plus naturellement près du C. scabriusculus.

66. C. Gotschii.

Long. 9 lignes.

Il ressemble un peu au C. scabriusculus, mais

il en diffère par la forme du corselet et des élytres. Le premier est plus arrondi sur les côtés vers la base, qui est plus étroite; les angles postérieurs sont beaucoup moins prolongés, moins aigus, et leur sommet est assez arrondi. Les élytres sont un peu plus larges, surtout au delà du milieu, et plus courtes; les épaules sont encore plus en rectangle; l'extrêmité est beaucoup moins en pointe, et assez arrondie; les 3 rangées de fovéoles sont bien moins distinctes; la granulation du fond n'est pas plus forte, mais plus serrée, surtout vers les bords et l'extrêmité, et ne forme point des séries régulières de petits tubercules; les intervalles entre les fovéoles ne sont pas relevés. En dessous les côtés du mésosternum sont plus ponctués.

D'un noir brillant en dessous, un peu plus terne en dessus, avec les bords latéraux du corselet et des élytres d'un bleu violet.

J'en ai reçu plusieurs exemplaires des deux sexes, qui ont été pris en Arménie par le Baron de Gotsch (Juillet). Je le place après le C. Motschoulskyi, dont il diffère beaucoup par les angles postérieurs du corselet moins prolongés et moins aigus, et par le dessin des élytres, qui dans cette dernière espèce se rapproche davantage du C. scabriusculus.

67. C. Holbergii, Mannerheim.

Hummel, Essais entom. VI. p. 24.

Fald. Fauna transc. I. tab. IV. f. 3.

Commun aux environs de la ville d'Elisabethpol, dans la Géorgie méridionale (Avril).

68. C. Eichwaldii.

Fischer, Entomogr. de la Russie, III. p. 178, tab. 7^b f. 4.

J'en ai trouvé beaucoup d'exemplaires sous les pierres, en allant de Kaïschaour vers le sommet de la montagne de la croix. Il varie quelque peu pour la largeur du corselet et des élytres, le dessin de celles-ci et la couleur. Je ne sais s'il ne conviendrait pas de réunir cette espèce au C. varians, Stéven, dont je ne possède qu'un seul exemplaire authentique.

69. C. armeniacus, Mannerheim.

Bulletin de Moscou, 1830. p. 59.

J'en ai trouvé plusieurs exemplaires sur le sommet de deux montagnes de l'Imérétie, à Sakaö, et à Glola, dans le Radscha, à 9000 p. environ d'élévation.

70. C. incatenatus, Mannerheim.

Bulletin de Moscou, 1830. p. 60.

Malgré l'opinion de M. le Comte Dejean (Cat. 3e édit. p. 22), et le doute émis par le Comte Mannerheim lui-même, je suis porté à croire que cette espèce n'est point une variété de la précédente; le dernier article des palpes est plus sécuriforme, et tronqué carrément; les antennes et les pattes sont plus longues et plus fortes; le corselet est moins court et plus arrondi; le dessin des élytres est en général plus embrouillé.

J'en ai trouvé plusieurs exemplaires à diverses hauteurs, sur les montagnes des environs d'Abbastouman.

71. C. EXARATUS, Stéven.

DEJ. Spec. II. p. 123.

FALD. Fauna transc. p. III. p. 52.

Je n'ai pu trouver à Kobi qu'un seul exemplaire de cette espèce, commune à Piatigorsk, de l'autre côté de la chaîne du Caucase (Juin).

72. C. SEPTEMCARINATUS, Motsch.

Bulletin de Moscou, 1839. p. 90.

Cette belle espèce paraît répandue dans les montagnes du Caucase et dans les provinces transcaucasiennes. J'en ai trouvé un individu près de Kwischet, à peu de distance du pied de la montagne;

M. Motschoulsky l'a trouvée en Kakhétie; M. Nordmann à Koutaïs; Wagner sur l'Ararat, et Kindermann m'a dit l'avoir trouvée près de Piatigorsk. Elle est plus voisine du C. exaratus que la description de M. Motschoulsky ne semble l'indiquer (Juin).

73. C. Roserii.

Fald. Fauna transc. I. p. 22. tab. 1. f. 9.

C. sphodrinus, Fischer, Bulletin de Moscou, 1844, p. 20.

Quelques individus trouvés sous les pierres, au sommet des montagnes d'Abbastouman, à 8—9000 p. (Juin).

74. C. staehlini, Adams.

Dej. Spec. II. p. 128.

Fald. Fauna transc. III. p. 53.

Commun sur le haut des Alpes caucasiennes; il varie du vert-bronzé au noir-foncé.

75. C. prasinus.

Ménétriés. Cat. rais. p. 108.

C. Calleyi. Fald. Fauna transc. III. p. 53. (non Fischer).

Dej. Catalogue, 3e édit. p. 23.

Il se rapproche beaucoup par la forme du C. bessa-rabicus, dont il a la grandeur; mais la surface beaucoup plus lisse et brillante l'en distingue au premier abord. Tête presque lisse, très-finement ponctuée; ponctuation beaucoup moins serrée; impressions longitudinales du front plus enfoncées. Corselet beaucoup moins ridé, presque lisse, ponctué légèrement le long de la base, avec les bords latéraux plus déprimés et un peu plus relevés, et l'impression près des angles postérieurs assez marquée; la base est un peu plus rétrécie; Elytres en ovale un peu plus allongé, avec les épaules encore plus effacées; la ponctuation est à peine sensible, beaucoup moins serrée, nullement disposée en raies longitudinales, et ne forme pas de petits tubercules; on ne distingue pas de rangées de petites fovéoles. Antennes un peu plus allongées. Elytres plus larges dans la femelle.

D'un noir très-brillant en dessous, un peu plus opaque et plus terne en dessus, avec des teintes verdâtres plus ou moins marquées, surtout vers les bords; les élytres sont quelquefois d'un noir-violet un peu cuivreux.

Cette espèce, qui est commune en Arménie, est beaucoup plus petite et moins allongée que le C. Renardi; elle est également plus petite que le C. Calleyi, Fischer, dont elle n'a pas le corselet cordiforme; enfin la description du C. chalconatus, Mannerheim ne lui convient pas non plus, car le corselet n'est pas aussi

étroit à la base, les rangées longitudinales de fovéoles
sur les élytres sont effacées, et les points de celles-ci ne
sont pas en stries.

76. C. RENARDI.

Cette espèce est tellement voisine du C. Bonplandi, FALD. qu'au premier coup-d'oeil, elle n'en
paraît différer que par la couleur ; elle est aussi voisine
sans doute du C. chalconatus, MANN. que je n'ai
jamais vu, mais dont la description ne convient pas
à celle-ci.

Long. 14 lignes.

Tête allongée, un peu renflée postérieurement,
amincie antérieurement; brillante, très-indistinctement
ridée et pointillée, légèrement striée près des yeux ;
front portant deux impressions assez profondes, lisses
et oblitérées postérieurement entre les antennes. Yeux
grands, hémisphériques, très-saillants; antennes longues, à articles fort allongés; palpes médiocrement
sécuriformes. Corselet beaucoup plus large que la tête,
beaucoup moins long que large, très-peu rétréci postérieurement, plus échancré en arc de cercle devant
que derrière; côtés également et plus ou moins arrondis; angles antérieurs assez aigus, arrondis au sommet, très-inclinés; ceux de la base à peine prolongés
en arrière, presque droits, arrondis au sommet, un

peu recourbés en dessous; milieu lisse; côtés et base distinctement ruguleux; dessus médiocrement convexe; ligne médiane très-peu marquée; de chaque côté, près de l'angle postérieur, une impression arrondie assez marquée; bords latéraux un peu déprimés et étroitement rebordés. Elytres un peu plus larges que le corselet, en ovale allongé, plus de deux fois aussi longues que larges; épaules presque effacées; extrémité nullement sinuée; médiocrement convexes, très-légèrement pointillées, finement granulées sur les bords, avec une série de points peu enfoncés sur le bord extérieur, qui est un peu déprimé et relevé; suture lisse, un peu élevée. Dessous du corps lisse, très-brillant; anus un peu ridé. Pattes fortes, allongées.

Entièrement noir, opaque en dessus, surtout sur les élytres qui offrent un léger reflet verdâtre, plus visible ordinairement sur les bords.

Cette espèce est bien distincte de toutes ses congénères. Elle diffère: 1°. du C. chalconatus dont le Comte MANNERHEIM, toujours si précis dans ses descriptions, dit: »thorax longitudine parum latior, basi capitis latitudine.... Elytra latitudine plus quam sesqui longiora, convexa«.... etc. etc., tandis que dans le mien: thorax longitudine multò latior, basi vix angustatus; elytra latitudine plus duplo longiora, minus convexa, sans

parler de plusieurs autres caractères distinctifs. 2o. du
C. Calleyi, Fischer, car l'auteur de l'Entomographie
dit: »thorax lyriformis«, ce qui indique un fort
rétrécissement vers la base. 3o. du C. Bonplandi,
(Spinolae, Cristofori et Jan) parce que celui-ci
est plus lisse, la tête est un peu plus grosse, les
angles de la base du corselet sont un peu plus prolongés et plus arrondis au sommet, les bords latéraux
sont plus relevés, les élytres réticulées, mais moins
ponctuées encore, et l'extrêmité est un peu plus
convexe.

Cette espèce remarquable n'est pas rare sous les
pierres roulées qui couvrent la côte que l'on gravit
en se rendant d'Akhaltzik à Abbastouman, surtout
dans le voisinage des champs cultivés (Juin).

Je me suis permis d'attacher à cette espèce le nom
de M. le Dr. Renard, qui sait mettre tant d'amabilité
et de complaisance dans ses rapports continuels avec
les entomologistes, membres de la Société Imperiale
des Naturalistes de Moscou, dont il est Secrétaire.

77. C. Humboldtii?

Fald. Fauna transc. I. p. 26. tab. II. f. 5.

Je rapporte, quoique avec doute, à cette espèce
un individu femelle que j'ai trouvé courant sur l'herbe, au sommet du col que l'on traverse en allant des

eaux d'Abbastouman à Koutaïs, à 7000 p. environ d'élévation; il ne diffère pas d'une femelle rapportée par M. de Nordmann; tous deux sont plus larges que l'individu mâle que j'ai trouvé dans la collection Faldermann; le corselet est imprimé transversalement près de la base, les élytres sont dilatées au milieu, les stries ne sont point ou à peine pointillées, et les rangées de points enfoncés moins visibles. Il est à regretter que les doubles de cette espèce que contenait la collection en question, ayent, avec ceux de plusieurs autres espèces rares, été extraits après la mort du propriétaire, par les personnes auxquelles la veuve avait confié l'arrangement de la collection.

78. C. CRIBRATUS, Boeber.

DEJ. Spec. II. p. 139.

FALD. Fauna transc. III. p. 53.

MM. Fischer et Motschoulsky disent qu'il se trouve sur les Alpes du Caucase. M. Kolenati et le Baron Gotsch l'ont trouvé abondamment sur les montagnes de la province de Karabagh et en Arménie; Wagner l'a rapporté de l'Ararat; je n'en ai trouvé que quelques exemplaires à 8—9000 pieds d'élévation sur les montagnes d'Abbastouman, sous les pierres. Dans cette espèce, ainsi que dans le C. glabratus de nos contrées, les articles 5—8 des antennes, sont termi nés au côté extérieur par un petit tubercule bien distinct.

79. C. BISERIATUS.

Long. 7½ lignes.

Voisin du C. convexus, plus petit, un peu plus court. Tête moins rugueuse, un peu ponctuée autour des yeux. Corselet un peu plus court, et plus convexe, plus incliné vers les angles antérieurs; côtés un peu plus arrondis avant le milieu, ce qui le fait paraître un peu rétréci postérieurement; angles de la base un peu plus pointus; fossette linéaire de la base plus distincte. Elytres moins arrondies sur les côtés antérieurement; stries moins serrées; intervalles plus larges, traversés surtout vers les côtés par de nombreuses petites lignes transversales; bords fortement rugueux, avec deux lignes de points enfoncés petits, mais distincts, sur chacune; la série près de la suture manque tout-à-fait.

D'un vert obscur un peu bronzé en dessus, plus brillant sur le bord des élytres; dessous, antennes, palpes et pattes noirs.

Je n'ai trouvé qu'une femelle de cette jolie espèce, au pied d'un rocher, sous une pierre, au bord d'un petit torrent, dans un bois de sapins, entre Oni et Glola.

(Juin). Cette espèce est tellement distincte que je n'ai aucun doute sur son authenticité.

80. C. MORIO, Mannerheim.

Bulletin de Moscou, 1830. N. I. p. 58.

FALD. Fauna transc. III. p. 54.

C. Tamsii. MÉNÉTRIÉS. Catal. rais. p. 109.

J'en ai reçu plusieurs individus du Baron Gotsch qui l'a pris en Arménie (Juillet). L'habitat de cette espèce paraît s'étendre du Khanat de Talyche où elle a été trouvée par M. Ménétriés, jusqu'en Asie mineure, d'où elle a été rapportée par M. de Stjernval. Elle est extrêmement voisine du C. graccus, mais les côtés du corselet sont moins arrondis, les élytres moins pointues à l'extrémité, plus convexes, et plus granulées.

81. C. COMPRESSUS.

Long. 12 lignes.

Il diffère assez de tous les Carabus connus, pour qu'on ne sache où le placer convenablement. La forme déprimée et la configuration du corselet le rapproche des C. Iberus, etc. dont le distingue la forte sinuosité de l'extrémité des élytres, et le dessin de celles-ci, qui le rapproche davantage du Deplanatus.

Tête moyenne, assez allongée, presque lisse, quoique finement réticulée; avec deux impressions longitudinales fortement marquées entre les antennes. Yeux très-proéminents; antennes un peu plus longues que la moitié du corps; palpes légèrement sécuriformes. Corselet beaucoup plus large que la tête, moins long que large, presque transversal, légèrement rétréci postérieurement; quelquefois presque carré, assez échancré antérieurement, tronqué carrément au milieu de la base, peu arrondi sur les côtés antérieurement, à peine sinué postérieurement; angles antérieurs peu avancés, arrondis; ceux de la base un peu prolongés, assez amplement arrondis; peu convexe en dessus, assez incliné vers les angles antérieurs, un peu déprimé sur les côtés, avec les bords assez largement relevés, surtout postérieurement, nullement imprimé transversalement; ligne du milieu peu marquée; de chaque côté de la base une fossette allongée, partant du coin intérieur des angles de la base, et formant en avant la démarcation du disque d'avec les bords relevés, en se repliant en dehors; toute la surface un peu plus distinctement réticulée que la tête. Elytres plus larges que le corselet, presque deux fois aussi longues que larges, en ovale allongé, prolongé au milieu de la base; épaules presque effacées, arrondies; extrémité fortement sinuée obliquement (dans les femelles), avec une forte dent saillante en dessous à l'extrémité postérieure du rebord inférieur; partie qui entoure l'écusson un peu convexe; chaque élytre formant un plan incliné, qui forme un angle très-obtus avec celui de l'autre sur le milieu; extrêmité assez plane; bords latéraux et extrêmité assez déprimés et largement relevés; dessus finement strié, à l'exception des bords latéraux et de l'extrêmité qui sont rugueux, avec une série de petits points enfoncés le long du bord extérieur; stries finement crénelées; intervalles planes à la base, un peu relevés depuis le quart antérieur, avec trois rangées de petits points enfoncés, séparés par des intervalles très-allongés, et un tant soit peu plus relévés que le reste.   Pattes grêles et allongées.

D'un noir brillant; tête opaque; corselet plus ou moins verdâtre, avec des reflets verts plus visibles le long des bords latéraux. Elytres d'un vert-bronzé, plus ou moins obscur, quelquefois presque noir, avec les bords relevés ordinairement plus clairs et plus brillants.

Je n'ai trouvé que des femelles de cette singulière espèce, sous des pierres, près d'un ruisseau, au sommet du mont Sakao, en Imérétie, à 7—8000 pieds environ (Juin).

82. C. Mellyi.

Long. 12 lignes.

Il a quelques rapports de forme avec le C. Iberus,

mais il est plus petit, et plus étroit. Tête comme dans le précédent, mais fortement rugueuse, et renflée postérieurement. Corselet un peu plus cordiforme, un peu plus arrondi sur le milieu des côtés; sommet des angles antérieurs moins arrondi; angles postérieurs un peu plus prolongés; bords latéraux plus fortement déprimés et relevés; impressions de la base plus profondes; surface fortement rugueuse. Elytres un peu plus larges, plus courtes, arrondies chacune séparément à l'extrêmité, presque tronquées, mais moins que dans l'Iberus, plus planes, plus fortement rugueuses sur les bords et l'extrêmité qui n'est pas déprimée et relevée; stries plus marquées; intervalles plus convexes, plus brillants; le 4e, 8e, 11e, 13e et 16e interrompus par de gros points enfoncés dont le fond est mat, plus relevés que les autres; la 3e et 5e rangée plus irrégulière que les autres, cette dernière se confondant avec la rugosité des bords. Pattes aussi allongées, mais plus fortes.

Noir brillant; tête opaque; corselet violet dans les enfoncements et sur les bords; élytres d'un bleu d'acier avec des reflets violets, surtout près des bords; points enfoncés et fond des stries d'un violet-pourpré.

Je l'ai trouvé dans un tronc pourri, dans la région des bouleaux, en gravissant le mont Sakao, en Imérétie, (Radscha, — Juin).

83. C. ibericus, Stéven.

Fischer, Entomogr. de la Russie, II. p. 58. tab. XXX. f. 1.

Cette espèce dont il n'existe, il paraît, que trois exemplaires dans les collections jusqu' à présent, a été confondue par les entomologistes russes avec une espèce qui est nouvelle, et qu'ils ont crû être le véritable C. ibericus de Stéven et de Fischer. L'individu que j'ai sous les yeux paraît différer un peu du **Carab**us de l'Entomographie par le dessin des élytres, mais ceci est purement fortuit, car l'exemplaire que j'ai vu chez M. de Fischer à Moscou a la même forme que le mien. Pour bien définir cette espèce, je vais redonner la description de celui qui fait partie de ma collection *). Corselet plus large et plus court que dans le précédent; côtés du corselet plus arrondis, ce qui lui donne l'air d'être un peu cordiforme, quoiqu'il ne soit pas plus étroit derrière que devant; bourrelet du bord latéral plus épais; angles postérieurs moins prolongés, plus arrondis extérieurement, un peu inclinés en dessous; dessus moins rugueux; impressions des côtés de la base plus larges; extrêmités de l'impression transversale postérieure plus marquées, milieu

---

*) Il me paraît que c'est le même insecte que M. le Comte de Mannerheim désigne sous le nom de C. Dammerti. sans le décrire (Bulletin de Moscou, 1846. p. 232).

tout aussi effacé. Elytres pas plus larges que la base
du corselet à l'endroit des épaules, qui sont très-effa-
cées, et indiquées seulement par une légère rondeur;
elles s'élargissent sensiblement jusqu'au delà du milieu, puis s'arrondissent vers l'extrémité qui est presque
tronquée, et très-légèrement arrondie; les bords latéraux sont plus largement déprimés et relevés, parsemés de points enfoncés, entremêlés de rugosités très-
marquées; dessus plane au milieu, un peu convexe
près de l'écusson, et descendant un peu plus vers
l'extrémité; base assez lisse; sur chaque élytre trois
rangées peu distinctes de tubercules allongés, très-
planes et lisses, séparées par deux côtes tout aussi
planes, interrompues à distance par de gros points
enfoncés, et de chaque côté de celles-ci, une double
strie irrégulière, pointillée, très-confuse, comme tout
le dessin de l'élytre; extrémité rugueuse comme les
bords; suture lisse. Dessous du corps lisse; dernier
article des palpes sécuriforme, tronqué obliquement;
celui des labiaux beaucoup plus large que celui des
maxillaires; antennes également allongées, et s'amin-
cissant sensiblement vers l'extrémité. Pattes également
fort allongées, cuisses très-fortes, assez renflées au
milieu.

Noir, plus brillant en dessous qu'en dessus, avec
les enfoncements du corselet, et les bords latéraux

des élytres un peu violets; bords antérieur et postérieur du corselet, et côté externe des jambes intermédiaires garnis de poils serrés jaunâtres.

J'ai trouvé ce bel insecte sur le sommet le plus élevé
de la montagne qui domine Kwischet, courant sur
le gazon, près de la neige, à 8000 p. environ. (Juin).

84. C. Lafertei.
Long. 15½ lignes.

Très-voisin du précédent, mais d'une couleur
cuivreuse très-éclatante. Tête un peu plus allongée,
plus rugueuse, et ridée fortement. Dernier article
des palpes maxillaires plus sécuriforme; antennes
plus longues, plus grêles à la base. Corselet plus
long et un peu moins large, moins échancré antérieurement; angles antérieurs et côtés moins arrondis;
angles de la base moins arrondis extérieurement, et
non réfléchis en dessous; bords latéraux plus déprimés, surtout postérieurement, où la dépression se
confond avec l'impression de la base, qui est plus
profonde et plus relevée, surtout postérieurement; dessus plus fortement rugueux; rugosité des bords latéraux plus fine et plus serrée; bourrelet plus mince.
Elytres moins rétrécies antérieurement; rondeur des
épaules plus convexe; extrémité tronquée plus obliquement et un peu sinuée; dessin plus distinct; tuber-

cules moins larges et paraissant un peu moins déprimés; côtes intermédiaires remplacées par deux séries de petits tubercules plus courts que les autres, et séparées de ceux-ci par une double strie plus distincte et plus évidemment pointillée; au delà de la 3e rangée de tubercules on distingue encore deux stries nettement marquées et également pointillées; rugosité des bords plus étroite. Pattes encore plus allongées; cuisses fortes, mais un peu moins renflées.

Noir très-brillant; tête et corselet d'un cuivreux sombre, presque noirâtre sur la tête, plus clair et brillant au fond des bords déprimés; élytres d'un rouge-cuivreux éclatant, un peu verdâtre sur les bords antérieurement, et un peu noirâtre sur le haut des tubercules.

Cette magnifique espèce *), qui ne le cède guères pour l'éclat des couleurs au C. hispanus, habite les forêts de pins des montagnes d'Abbastouman, où elle se tient sous les troncs pourris à 4—5000 pieds d'élévation (Juin).

85. C. refulgens.

Exactement de la grandeur du précédent, dont il n'est peut-être qn'une variété, quoiqu'il en diffère par

---

*) Le Comte Mannerheim (Bull. Mosc. 1846. p. 233.) parle de variétés de son C. Dammerti, dont les couleurs étaient très-brillantes; peut-être se rapportent-elles à cette espèce ou à la suivante, qui sont toutefois bien distinctes du C. ibericus.

beauconp de caractères essentiels. Tête plus fortement ridée entre les yeux. Corselet plus étroit, quoiqu'encore un peu moins long que large, peu arrondi sur les côtés et aux angles antérieurs; angles postérieurs peu prolongés, de sorte que leur côté intérieur n'est qu'un prolongement oblique de la base; leur sommet moins arrondi; dessus plus plane, plus fortement rugueux au milieu; rugosité moins serrée. Elytres rétrécies antérieurement comme dans l'ibericus, mais avec la rondeur des épaules encore un peu plus convexe que dans le précédent; extrémité encore un peu plus oblique; sur chaque élytre, à partir de la suture, 13 stries finement crénelées, séparées par des intervalles minces un peu convexes, alternativement entiers et interrompus par de grands points enfoncés qui laissent entr'eux de petits tubercules peu allongés, et presque égaux; ces stries s'oblitèrent vers la base qui est à peu près lisse comme dans le précédent, et se confondent vers l'extrêmité dans la rugosité du bord, qui est comme dans l'espèce précédente.

Noir très-brillant; tête moins brillante, d'un vert presque noirâtre sur le milieu, et brillant avec des reflets cuivreux sur les bords; élytres d'un vert-cuivreux éclatant, avec les bords, surtout à la base, et les points enfoncés d'un beau vert-clair.

Cette espèce, non moins éclatante que la précédente, se trouve dans les mêmes localités.

86 C. Kolenatii.

Long. 13½ lignes.

Il ressemble beaucoup au C. Puschkinii, et surtout à la variété Biebersteinii, mais il est plus grand, le corselet est moins large antérieurement, moins cordiforme, peu rétréci postérieurement, et moins arrondi sur les côtés; l'impression près des angles postérieurs est plus profonde, presque arrondie, et la base est plus échancrée en arc de cercle; la ligne longitudinale du milieu est aussi plus marquée, et la surface plus lisse. Les élytres sont un peu plus allongées, moins tronquées et plus arrondies à l'extrémité, les épaules sont un peu plus marquées. La ponctuation est à peu près comme dans le Biebersteinii. Les antennes et les pattes sont plus allongées, et entièrement noires, ainsi que tout le corps, à l'exception d'un reflet violet autour des impressions de la base du corselet, et des élytres qui sont entièrement d'un beau violet-pourpré.

Ce bel insecte habite les montagnes de l'Arménie, et m'a été envoyé par le Baron de Gotsch.

87. C. Puschkinii.

Fischer, Entomogr. I. p. 15. tab. III. f. 2; III. p. 227.

Adams a trouvé le premier cette intéressante

espèce dans l'Imérétie méridionale; M. de Kolenati l'a rapporté du Kasbek et du mont Sarial près d'Elisabethpol; j'en ai trouvé une trentaine d'individus dans l'Imérétie, au sommet de la montagne qui domine Glola, à 8 – 9000 pieds d'élévation (Juin). Il est singulier que les individus provenant du mont Sarial soyent presque toujours plus grands que les autres, et d'une belle couleur violette sur les élytres.

Var. C. Biebersteinii, Ménétriés.

Fald. Fanna transc. I. p. 29. tab. II. f. 8.

Je ne pense pas que M. Ménétriés, en nommant cette espèce, et Faldermann, en la décrivant, ayent vu le véritable C. Puschkinii, qui était alors presque inconnu. A l'exception de la coloration des antennes et des pattes, qui, ainsi que le prouvent les C. cancellatus et granulatus, ne suffit pas pour établir des différences spécifiques dans ce genre, il n'existe aucun caractère distinctif entre ces deux insectes, qui d'ailleurs habitent les mêmes localités, car j'ai trouvé un exemplaire du Biebersteinii, en compagnie du Puschkinii, dont le dessin des élytres varie pour le rapprochement des points qui interrompent alternativement les intervalles, et pour la convexité des côtes et des tubercules. Je ne puis donc me conformer à l'opinion qu'émet M. Kolenati

dans la Note p. 28. de ses »Meletemata entomologica«.
fasc. 1 *). Je dirai en passant que je possède un
des exemplaires qui ont servi à Faldermann pour
faire sa description.

88. C. PLANIPENNIS.

long. $10\frac{1}{2}$ lignes.

Cette espèce a été longtemps une énigme pour
moi, car elle me semblait composée du corps d'un
C. Bœberi, et de la tête avec le corselet du C.
depressus. Je me suis persuadé plus tard que ma
supposition était erronée. La tête et le corselet res-
semblent effectivement beaucoup à ceux de ce dernier,
mais dans la première les yeux sont plus saillants, et
la partie postérieure moins renflée; le corselet est un
peu plus court, plus rétréci postérieurement et plus
cordiforme; les bords moins rugueux, et les angles
postérieurs encore moins prolongés. Les élytres res-
semblent à celles du Bœberi, mais elles sont plus
allongées, plus rétrécies vers la base, dont le milieu
est plus distinctement prolongé; les épaules sont
arrondies et plus marquées; le partie la plus large

---

*) Je vois que le Comte de Mannerheim partage l'opinion de
M. Kolenati; mais je suis convaincu qu'il adopterait ma
manière de voir, s'il avait comme moi un grand nombre
d'individus sous les yeux.

est un peu au delà du milieu, l'extrêmité légèrement
sinuée; le dessus beaucoup plus plane; les stries
moins marquées, pointillées, mais non crénelées; les
intervalles plus planes; la rugosité des bords moins
forte; il n'y a quelques points enfoncés peu sensibles
que vers l'extrêmité. Tête et élytres presque noires;
quelques reflets cuivreux au fond des parties déprimées
du corselet; pattes et antennes tout-à-fait noires.

Cette espèce ne provient pas de mon voyage,
mais comme elle m'a été donnée par M. Obert
(quoique unique dans sa collection), comme venant
des Alpes du Caucase, j'ai crû convenable de la
décrire ici.

89. C. osseticus, Adams.

Dej. Spec. II. p. 182.

On trouve cette jolie espèce sur les montagnes
centrales du Caucase, à différentes élévations, depuis
4000 jusqu'à 8000 pieds d'élévation, sous les pierres.

90. C. deplanatus, Stéven.

Dej. Spec. II. p. 183.

Elle se rencontre avec la précédente; j'en possède
un individu dans lequel les élytres, en ovale fort court,
laissent à découvert tout le dernier anneau de

l'abdomen; je ne considère ceci que comme un vice de conformation.

91. C. Boeberi, Adams.

Dej. Spec. II. p. 185.

Fald. Fauna transc. III. p. 55.

J'en ai trouvé quelques exemplaires sur les mêmes montagnes que les précédents, mais toujours à une plus grande élévation. Il est ordinairement d'un rouge-cuivreux très-brillant; quelquefois cependant le dessus du corps est obscur avec le bord du corselet et des élytres plus brillant et cuivreux. La tête est constamment plus grande et plus renflée dans la femelle que dans le mâle, mais la grosseur varie, et quelquefois elle est hors de toute proportion, comme Dejean dit que cela se remarque dans quelques femelles du C. pyrenæus.

92. C. Fischeri, Stéven.

Fischer, Entomogr. II. p. 49. tab. XXX f. 1.
Fald. Fauna transc. III. p. 55.

Il diffère très-peu du précédent. La tête du mâle est un peu plus allongée, et moins renflée dans la femelle que celle du C. Bœberi. Les côtés du corselet sont un peu plus sinués près de la base; les angles postérieurs un peu plus arrondis au sommet; les élytres un peu plus amples , plus finement striées, et pointillées; les 3 rangées de points enfoncés presque effacées , excepté vers l'extrêmité. La couleur est constamment d'un vert un peu obscur, tirant plus ou moins sur le bleu, avec les bords du corselet et des élytres d'un vert-émeraude ou bleu-clair. Dans les deux espèces, l'extrêmité des élytres est plus pointue dans la femelle que dans le mâle.

Il habite constamment des localités très-distantes de celles où l'on trouve le précédent; les miens proviennent des montagnes qui dominent Glola, à 9000 pieds d'élévation.

93. C. longiceps.

long. 7½ lignes.

Très-voisin du C. Bœberi, mais très-distinct. Stature plus grêle. Tête plus prolongée derrière les yeux, insensiblement amincie vers la base, égale dans les deux sexes; front plus creux entre les antennes. Corselet plus étroit, moins élargi antérieurement et moins arrondi sur les côtés; impressions de la base presque nulles. Elytres plus rétrécies antérieurement, s'élargissant un peu jusqu'au delà du milieu, encore plus planes à leur partie antérieure; épaules plus effacées; série marginale de points plus marquée.

D'un violet—obscur, avec les bords du corselet

et des élytres plus clairs et plus brillants; dessous du corps noir, ainsi que les parties de la bouche, les antennes et les pattes.

Sur le mont Sakao, en Imérétie, à 9000 pieds (Juin).

94. C. MAURUS, Adams.

DEJ. Spec. II. p. 59.

FALD. Fauna transc. III. p. 50.

Cette espèce, quoique ailée, ne me paraît pas devoir être placée parmi les Calosoma, comme l'ont fait Adams et depuis M. Motschoulsky, à cause de la forme des antennes qui est comme dans les Carabus; cependant je la place à la fin de la série des espèces de ce genre, comme formant le passage au genre suivant. Elle n'est pas rare au printemps dans les champs de blé de la Géorgie; je l'ai aussi trouvée au mois de Juin, près d'Ananour, sous des pierres.

95. C. HOCHHUTII.

long. 7½ lignes

Cette jolie espèce est extrêmement voisine de la précédente, et ailée comme elle; mais elle est constamment plus petite, d'un noir assez brillant en dessus, la tête et le corselet sont plus lisses, les côtés de celui-ci un peu plus arrondis; les angles postérieurs un peu plus prolongés et plus arrondis au sommet. La sculpture des élytres est moins forte, plus serrée, plus nette et plus régulière.

Le Baron de Gotsch a trouvé un grand nombre d'exemplaires de cette espèce en Arménie; je me suis fait un plaisir de la dédier à M. Hochhut, mon zélé collaborateur, qui travaille en ce moment à décrire les Curculionites du même voyage, dont la publication suivra de peu celle-ci.

96. Callisthenes orbiculatus.

Carabus id. Motschoulsky, Bulletin de Moscou, 1839. p. 88. t. VI. f. e.

Callisthenes Motschoulskyi, Fischer, Revue Zool. par la Soc. Cuv. 1842. p. 271.

Cette belle espèce a été trouvée en Arménie par le Baron de Gotsch (Juillet).

M. Guérin-Méneville (l. c.), en décrivant une nouvelle espèce du même genre sous le nom de C. Reichei, paraît craindre qu'elle ne soit identique avec le C. orbiculatus. Je puis affirmer qu'il n'en est rien, et j'ai crû reconnaître son espèce dans un Callisthenes que j'ai reçu de M. Dupont sous le nom d'araraticus, Erichson. Je laisse à décider cette question aux entomologistes parisiens qui ont

les deux insectes sous les yeux, et je me bornerai
à dire que le corselet est finement rugueux sur toute
sa surface, et que les élytres sont entièrement et
assez distinctement couvertes des petites écailles dont
parle M. de Motschoulsky, ce qui le distingue du
C. araraticus, qui est d'ailleurs entièrement noir
et plus petit.

97. Calosoma sycophanta, Fabricius.

Dej. Spec. II. p. 193.

On le trouve aux environs de Lenkoran (Avril).

98. C. indagator, Fabricius.

Dej. Spec. II. p. 205.

Je l'ai trouvé dans un champ, sous une poutre,
aux environs de Gori, en Imérétie (Juin).

99. C. auropunctatum, Paykull.

Dej. Spec. II. p. 203.

Dans la Géorgie méridionale (Avril–Mai).

100. Leistus fulvus.

long. $3\frac{2}{3}$ lignes.

Il ressemble au L. nitidus, dont il diffère: par
le corselet plus large. plus dilaté au milieu, quoique
moins que dans le rufomarginatus, et dont le bord

antérieur est plus sinué ; les angles antérieurs plus arrondis: les côtés plus arrondis et moins sinués près des angles postérieurs qui sont droits, aigus, mais nullement saillants, et les bords latéraux plus largement déprimés et relevés; par les élytres non parallèles et plus ovales, dont le rebord de la base dépasse davantage des deux côtés la base du corselet, et dont les épaules sont moins saillantes et plus arrondies.

Fauve, antennes, parties de la bouche, rebord inférieur des élytres et pattes plus clairs; tête obscurcie; abdomen plus foncé.

M. de Gotsch l'a trouvé aux environs de Lenkoran (Avril).

101. L. FEMORALIS.

long. $4\frac{1}{4}$ lignes.

Plus court que le L. analis, dont il diffère par la tête et le corselet moins convexes; celui-ci est plus large; les côtés plus arrondis; la sinuosité près de l'angle postérieur est courte, mais profonde; les angles de la base aigus et saillants; le bord latéral plus largement relevé; les fossettes de la base plus larges et plus profondes; les élytres ovalaires, nullement rétrécies vers la base; rondeur des épaules plus convexe; extrémité beaucoup moins acuminée; disque plus plane; stries plus fortement crénelées.

Noir brillant; bouche, antennes, jambes et tarses rougeâtres; le premier article des antennes plus foncé.

J'ai trouvé un petit nombre.d'exemplaires de cette jolie espèce au sommet des montagnes d'Abbastouman, sous les feuilles sèches des Daphne, sur les sentiers, à 7—8000 pieds d'élévation. M. de Nordmann l'a aussi rapportée de son voyage.

102. Nebria brevicollis, Fabricius.

Dej. Spec. II. p. 233.

J'ai trouvé une fois un nid de ces insectes en soulevant un tronc d'arbre, au pied du col du Nakéral, en allant de Koutaïs à Khotévi. L'habitat de cette espèce paraît très-étendu, car on la retrouve encore en Anatolie.

103. N. nigerrima.

long. $5\frac{3}{4}$ lignes.

Elle ressemble beaucoup à la N. Jokischii, St. mais elle est moins allongée.

Tête plus petite et plus étroite; impressions du front plus profondes. Corselet moins rétréci à la base; angles antérieurs distants des côtés de la tête; sinuosité près des angles postérieurs moins profonde; base et bord antérieur plus distinctement ponctués; bords latéraux déprimés, réfléchis et un peu rugueux.

Elytres moins allongées, nullement élargies postérieu-rement; stries moins profondes vers les côtés et l'extrêmité, celles du disque plus distinctement ponc-tuées; intervalles plus planes. Pattes moins allongées.

Entièrement d'un noir – obscur brillant; pattes ciliées de roux.

J'ai établi cette nouvelle espèce bien distincte sur deux individus parfaitement semblables que j'ai trouvés sur les montagnes qui dominent Kwischet, dans le Caucase central, à 9000 p. d'élévation (Juin).

104. N. Marschallii, Stéven.

Dej. Spec. II. p. 255.

Fald. Fauna transc. III. p. 57.

Il conviendrait peut-être de restituer à cette espèce le nom de Bonellii, Adams, comme le plus ancien, mais comme elle est très-répandue sous le nom de Stéven, j'ai préféré le lui conserver, pour éviter la confusion.

Commune sur toutes les montagnes du Caucase et d'Akhaltzik, entre 5 et 9000 pieds d'élévation.

Cette espèce varie beaucoup pour la forme, la grandeur et les couleurs. La tête est plus ou moins grosse, mais jamais comme dans la N. Fischeri, Fald. et la grosseur ne constitue pas la différence des sexes. Le corselet est plus ou moins arrondi sur les côtés; les angles antérieurs plus ou moins aigus, ceux de la base plus ou moins saillants. La longueur varie de 5½ à 7 lignes; la largeur augmente en proportion. La couleur la plus ordinaire est un cuivreux obscur, plus foncé sur la tête et le corselet que sur les élytres, mais on trouve des variétés bleues, violettes, vertes, avec des nuances de chacune de ces couleurs.

J'ai trouvé sur les montagnes d'Abbastouman une variété dans laquelle la tête est constamment plus courte, plus large à la base; les angles antérieurs du corselet plus prolongés; les côtés plus relevés, les élytres plus ovales; la tête et le corselet d'une belle couleur violette, et les élytres d'un cuivreux brillant.

105. N. intricata, Stéven.

Dej. Spec. II. p. 254.
Fald. Fauna transc. III. p. 56.

La même raison que j'ai énoncée plus haut, m'a fait conserver à cette espèce le nom de Stéven, quoique postérieur à celui d'Adams qui l'avait nommée Schlegelmichii.

Elle n'est pas très-rare au sommet des montagnes du Caucase central et d'Akhaltzik (Juin). Elle descend moins que la précédente.

J'en ai trouvé une variété plus étroite, dont le

corselet est moins élargi antérieurement, mais c'est purement accidentel.

106. N. ELONGATA.

FISCHER, Entomogr. III. p. 248. tab. IX. f. 4.

Très-voisine de la N. Kratteri, KOLLAR. Tête un peu plus étroite; corselet un peu plus rétréci postérieurement, plus arrondi sur les côtés, surtout près des angles antérieurs qui sont moins aigus; sinuosité des côtés près des angles postérieurs très-courte, mais plus profonde; angles postérieurs plus aigus; base moins sinuée; dessus moins convexe; impression transversale postérieure moins enfoncée; bord antérieur, base et bords latéraux distinctement rugueux; ceux-ci plus largement déprimés et relevés; base du corselet plus distante de celle des élytres; celles-ci ayant à peu près la même forme, plus planes, plus largement rebordées sur les côtés; côtés de la base plus obliques, un peu arrondis; épaules nullement dentées, plus arrondies; stries plus fortement ponctuées; intervalles un peu plus convexes; les points enfoncés du 3e bien distincts.

Brun-obscur; articles 5e—11e des antennes, bout des palpes et tarses ferrugineux; jambes ciliées de roux.

Je me suis décidé à décrire de nouveau cette belle espèce que la description et la figure de l'Entomographie ne caractérisent pas suffisamment. Elle habite les sommets des Alpes centrales du Caucase, près des neiges (Juin).

107. N. PATRUELIS.

Long. 5 — 6. lignes.

Elle est ordinairement de la taille de la N. Hellwigii, et quelquefois plus petite. Tête plus étroite; corselet plus large et moins court, plus arrondi sur les côtés, s'élargissant davantage derrière les angles antérieurs qui sont plus arrondis; sinuosité de la base moins profonde; base moins rétrécie, moins échancrée; impressions transversales moins profondes; bords latéraux assez largement déprimés et relevés, quoique moins que dans l'espèce précédente; tout le tour légèrement rugueux. Elytres plus larges que celles de l'Hellwigii, surtout vers la base; celle-ci plus arrondie, ainsi que les épaules; bord latéral plus relevé; stries plus fortement ponctuées; intervalles plus convexes. La couleur varie du brun-foncé au noir-obscur; la base des antennes est constamment foncée, mais les pattes sont plus ou moins obscures, quelquefois d'un brun-rougeâtre.

J'ai d'abord crû que c'était la N. caucasica, Ménétriés, mais ayant pu plus tard la comparer avec un individu authentique de cette espèce, que j'ai trouvé dans la collection Faldermann, je me suis persuadé que cette dernière différait de la mienne autant par la forme que par la couleur. Je l'ai trouvée au sommet de la montagne qui domine Glola, en Imérétie, au bord de la neige fondante, sous des pierres (Juin). M Ménétriés a découvert son espèce sur d'autres montagnes situées plus à l'est.

M. de Motschoulsky, m'ayant envoyé un exemplaire de sa N. depressa, j'ai pu me convaincre qu'elle était bien différente de celle que je décris. Indépendamment de sa taille plus grande, et de sa forme plus allongée, le corselet est un peu moins court, moins élargi et moins arrondi sur les côtés antérieurement, ce qui le fait paraître moins cordiforme, les angles postérieurs sont moins saillants, un peu prolongés en arrière, presque droits, la base est un peu échancrée en arc de cercle. Les élytres sont plus planes; les épaules plus arrondies, et la base plus distante de celle du corselet. Elle est également bien distincte de N. Gotschii par la forme du corselet et les stries des élytres plus crénelées, ainsi que par quelques autres caractères. Le nom de depressa ayant déjà été employé par M. Heer pour désigner une espèce de la Suisse (Fauna Coleopt. helv. I. p. 557), j'ai dû changer celui imposé par M. de

Motschoulsky, et je propose de l'appeler Motschoulskyi, en l'honneur du savant entomologiste qui
travaille avec tant d'activité à faire connaître la
faune de notre patrie.

108. N. Gotschii.

Long. $6\frac{1}{2}$—7 lignes.

Elle ressemble beaucoup à la N. Lafrenayi,
dont elle se distingue tout de suite par la forme
de son corselet et sa taille un peu plus grande.

Tête plus grosse, avec une tache ferrugineuse
bien distincte sur le milieu. Corselet plus large
antérieurement, plus cordiforme; nullement sinué sur
les côtés près des angles postérieurs qui ne sont
point saillants, et plutôt obtus; base échancrée en
arc de cercle. Elytres à peu près de même, en ovale
plus régulier, un peu plus larges que le corselet,
avec la base et les épaules plus arrondies; point
de dent à l'angle huméral.

Le Baron de Gotsch en a trouvé plusieurs exemplaires sur les montagnes de l'Arménie (Juillet),
et je la dédie à sa mémoire.

109. Omophron limbatus, Fabricius.

Dej. Spec. II. p. 258.
Fald. Fauna transc. III. p. 57.

Je n'en ai trouvé qu'un seul individu à Freudenthal, sous des cailloux, au bord du ruisseau qui traverse cette colonie. M. Ménétriés le dit très-commun au bord des rivières du Caucase.

Le Baron de Gotsch m'a envoyé d'Arménie une variété singulière qui est plus circulaire, et dans laquelle le jaune des élytres occupe plus de place.

110. Elaphrus riparius, Fabricius.

Dej. Spec. II. p. 274.

Je l'ai reçu d'Arménie, mais je suppose qu'il doit être répandu par toute la Géorgie.

111. Notiophilus aquaticus, Fabricius.

Dej. Spec. II. p. 277.
Fald. Fauna transc. III. p. 57.
Sur les montagnes du Caucase.

121. N. biguttatus, Fabricius.

Dej. Spec. II. p. 279.
Dans les mêmes localités.

113. N. rufipes, mihi.

Bulletin de Moscou, 1844. p. 825.
Sommets des montagnes de l'Imérétie (Juin).

114. Panagæus quadripustulatus, Sturm.

Dej. Spec. II. p. 288.

Sous les pierres, dans les plaines de la Géorgie.

115. Callistus gratiosus, Mannerheim.

Bulletin de Moscou, 1844. p. 807.

Sous des copeaux de bois, dans les forêts des environs de Lenkoran (Avril–Mai).

116. Chlænius spoliatus, Fabricius.

Dej. Spec. II. p. 312.

Fald. Fauna transc. III. p. 58.

Sous les pierres, au bord de la rivière, à Akhaltzik (Juin).

117. C. vestitus, Fabricius.

Dej. Spec. II. p. 320.

Fald. Fauna transc. III. p. 58.

Commun sous les pierres, en Géorgie et dans les vallées du Caucase.

118. C. Schrankii, Duftschmidt.

Dej. Spec. II. p. 349.

Fald. Fauna transc. III. p. 58.

Var. C. chrysothorax, Steven.

C. nitens. Fald. Fauna transc. I. p. 37.

Je n'ai pu découvrir aucun caractère spécifique suffisant pour pouvoir faire une espèce particulière de cette variété, qui n'est pas rare près des ruisseaux, dans les vallées du Caucase et dans les provinces transcaucasiennes; elle est plus ou moins grande, la tête et le corselet sont plus brillants et plus cuivreux; les élytres plus bleues; mais on remarque en général, que dans ce genre, les individus méridionaux sont plus brillants que ceux qu'on trouve plus au nord.

119. C. FLAVIPES, Ménétriés.

FALD. Fauna transc. I. p. 36.

Rare sur les bords de la route qui va de Souram a Akhaltzik, sous les pierres (Juin).

120. C. ÆNEOCEPHALUS.

DEJ. Spec. II. p. 362.
FALD. Fauna transc. III. p. 59.

Commun dans les localités humides, en Géorgie, courant sur les chemins; je l'ai aussi reçu de Lenkoran (Avril–Juin).

121. C. AURICEPS, mihi.

Bulletin de Moscou, 1842. p. 818.
Je l'ai reçu des environs de Lenkoran (Avril).

122. C. coeruleus, Stéven.

Dej. Spec. II. p. 363.

Fald. Fauna transc. III. p. 59.

Commun sous les cailloux au bord de l'Arigwa
et de la Koura, à Passananour et entre Akhaltzik
et Souram (Juin). Remarquable par la forte odeur
de musc qu'il émane.

123. C. Gotschii.

Long. $4\frac{1}{2}$ — 5 lignes.

Il ressemble beaucoup au C. Stevenii, avec lequel je l'avais d'abord confondu. Tête un peu plus
longue et plus large. Yeux beaucoup moins saillants;
un petit point enfoncé au milieu du front. Corselet
plus étroit, un peu plus long que large ; angles
antérieurs et postérieurs plus aigus; ceux-ci légèrement
saillants en dehors et très-légèrement prolongés;
côtés beaucoup moins arrondis antérieurement, un
peu plus sinués vers la base, qui est un peu échancrée
en arc de cercle; ponctuation moins forte et un peu
moins serrée. Elytres beaucoup plus allongées, plus
étroites, surtout vers la base, moins parallèles, plus
ovales, à épaules plus effacées, beaucoup plus planes;
stries lisses ; intervalles très–planes ; ponctuation
beaucoup moins serrée, de même que sur tout le
dessous du corps.

D'un vert plus ou moins bleuâtre en dessus; plus clair que dans le Stevenii; dessous du corps, antennes, palpes et pattes d'un brun-noirâtre obscur.

Il ne faut pas confondre cette espèce avec le C. angusticollis, MANNERHEIM (Bulletin de Moscou, 1844. p. 423.), qui est, je crois, le même que le C. angustatus, FISCHER (id. 1844. p. 29.); j'ai vu ce dernier à Moscou dans la collection de M. Fischer, qui l'a reçu de Karéline. Mes exemplaires proviennent des environs de Lenkoran (Avril).

124. DINODES RUFIPES, Bonelli.

DEJ. Spec. II. p. 372.

FALD. Fauna transc. III. p. 60.

On le trouve sous les pierres, dans les vallées du Caucase (Juin).

125. D. ANGUSTICOLLIS, mihi.

Bulletin de Moscou, 1842. p. 819.

Je l'ai reçu des environs de Lenkoran. (Avril).

126. D. MAILLEI, Solier.

DEJ. Spec. V. p. 671.

FALD. Fauna transc. III. p. 60.

Egalement des environs de Lenkoran.

127. Licinus æquatus.

Dej. Spec. II. p. 399.

J'en ai pris quelques exemplaires, en gravissant la côte aride qu'on traverse entre Akhaltzik et Abbastouman (Juin). Je l'ai aussi reçu d'Arménie.

128. Badister bipustulatus, Fabricius.

Dej. Spec. II. p. 406.

B. anchora, Mén. Fald. Fauna transc. I. p. 40.

Je l'ai trouvé dans les plaines de la Géorgie.

129. Dolichus flavicornis, Fabricius.

Dej. Spec. III. p. 37.

Fald. Fauna transc. III. p. 61.

Je l'ai reçu du midi de la Géorgie, où il se tient sous les grandes feuilles de quelques plantes, reposant à terre (Avril–Mai); je l'ai aussi trouvé près de Passananour, sous des pierres (Juin). On ne rencontre que la variété avec la tache sur les élytres.

130. Pristonychus cimmerius, Stéven.

Dej. Spec. III. p. 48.

Je l'ai reçu d'Arménie (Juillet), mais je crois qu'on le rencontre aussi dans d'autres localités des provinces transcaucasiennes.

131. P. PRETIOSUS.

Fald. Fauna transc. I. p. 41. tab. IV. f. 1.

Cette belle espèce habite les sommets des montagnes d'Abbastouman, entre 7 et 9000 pieds, sous les troncs de bouleaux et les pierres (Juin).

132. P. CAUCASICUS.

Long. $7\frac{1}{2}$ — 9 lignes.

Très-voisin du précédent, mais bien distinct. Corselet moins large antérieurement; côtés plus arrondis derrière les angles antérieurs, mais moins arrondis vers le milieu; angles de la base aussi saillants, mais leur sommet est un peu arrondi; base un peu échancrée au milieu, coupée un peu obliquement des deux côtés; dessus visiblement plus convexe; rides transversales moins marquées; bords latéraux nullement déprimés antérieurement; base lisse, avec une impression transversale de chaque côté près du bord postérieur dans l'angle. Elytres plus convexes, plus ovales; intervalles des stries un peu plus convexes; d'une couleur plus bleue, moins pourprée.

J'en ai pris deux individus en gravissant la montagne qui domine Glola, sous un tronc de bouleau pourri (Juin).

122. P. cyanipennis, Eschscholtz.

Dej. Spec. III. p. 57.

Fald. Fauna transc. III. p. 62.

Cette espèce est à peine connue en Russie, aussi n'est-ce que d'après la description du Species que je me décide à y rapporter les exemplaires que j'ai sous les yeux, et qui proviennent d'Arménie (Juillet).

Le P. Mannerheimii, Kolenati, que je tiens de l'auteur lui-même, ressemble extrêmement à cette espèce; le corselet est seulement un peu plus en cœur, les élytres sont un peu plus étroites, et les stries lisses.

134. P. caspius, Ménétriés.

Fald. Fauna transc. I. p. 44. tab. IV. f. 1. (Platynomerus).

Je n'ai pas crû devoir admettre le genre établi par Faldermann sur cet insecte, que j'ai reçu des environs de Lenkoran (Avril).

135. P. hepaticus.

Fald. Fauna transc. I. p. 43. tab. IV. f. 4.

P. convexus, Kolenati, Melet. ent. fasc. I. p. 40. tab. I. f. 6.

Cette espèce ne paraît pas très-rare aux environs d'Elisabethpol, dans la Géorgie méridionale; elle

varie beaucoup pour la grandeur, et même pour la
forme plus ou moins allongée; l'exemplaire unique
décrit par Faldermann, et qui fait maintenant partie
de mâ collection, est petit et assez allongé; il a eu
tort de comparer son espèce avec l'elegans, dont
elle n'a ni la tête allongée derrière les yeux, ni le
corselet remarquablement étroit, ni les élytres longues;
c'est ce qui a fait sans doute que M. Kolenati ne
l'a pas reconnu, et en a fait une espèce nouvelle,
erreur dans laquelle on risque à chaque instant de
tomber en lisant les descriptions de Faldermann,
qui pour la plupart manquent de précision.

136. P. insignis.

Long. 6½ lignes.

Il se distingue de toutes les espèces connues de
ce genre par les angles postérieurs du corselet arrondis,
et a quelque ressemblance avec le Dolichus caf-
fer.

Tête allongée, lisse, peu rétrécie postérieurement;
impressions latérales du front peu marquées entre les
yeux, plus profondes entre les antennes ; yeux
médiocrement proéminents. Palpes et antennes grêles,
allongés. Corselet sensiblement plus large que la tête,
aussi long que large, presque carré, un peu plus
étroit vers la base, très-peu échancré antérieurement;

angles antérieurs très-peu saillants, obtus; côtés peu arrondis; base un peu sinuée; angles obtus, largement arrondis; ligne du milieu et impressions transversales fortement marquées; enfoncement latéral de la base oblong, assez large et profond; bord latéral de plus en plus relevé vers la base, tranchant; rides transversales distinctes. Elytres de plus de la moitié plus larges que le corselet, beaucoup plus longues que la tête et le corselet, exactement ovales; base arrondie avec les épaules; côtés un peu arrondis; extrêmité très-indistinctement sinuée; dessus un peu convexe; stries lisses et profondes; intervalles très-lisses, très-convexes; sur le 3ᵉ, trois points enfoncés, et le long du bord extérieur une série ininterrompue; celui-ci finement rebordé. Dessous du corps lisse. Pattes allongées, grêles. Dentelure des crochets en forme de peigne.

D'un noir brillant; palpes et antennes d'nn brun un peu rougeâtre, avec les 4 premiers articles de celles-ci plus foncés; pattes ciliées de roux.

Il a été trouvé par mon ami, le Baron de Gotsch, sur la montagne qui domine Kwischet, dans le Caucase central, sous une pierre, à 7000 p. environ d'élévation (Juin). Depuis il l'a retrouvé en Arménie (Juillet).

137. Calathus latus.

Dej. Spec. III. p. 64.

Très-commun sous les pierres dans les endroits
arides, dans toutes les provinces transcaucasiennes.

138. C. distinguendus.

Long. 5 lignes.

Il ressemble beaucoup au C. cisteloides, mais
il est plus étroit. Corselet à peine rétréci avant le
milieu, carré, guères moins long que large; côtés
moins arrondis; angles postérieurs droits, non arrondis
au sommet; ceux antérieurs un peu plus prolongés;
base coupée carrément, un peu plus convexe en
dessus, très-lisse ; base plane, à fossettes presque
effacées, entièrement ponctuée; ponctuation s'avançant
sur le milieu. Elytres plus courtes et plus étroites,
moins en ovale, moins pointues à l'extrêmité. Pattes
constamment foncées.

J'ai établi cette espèce nouvelle sur plusieurs individus que j'ai reçus de la Géorgie méridionale,
quoique non sans quelques doutes, car je n'ai pas
besoin de faire remarquer ici comme il est embar-
rassant de fixer des limites certaines dans le groupe
des Calathus auquel cette espèce vient se rattacher
(Avril–Mai).

139. C. ALTERNANS.

FALD. Fauna transc. I. p. 46.

Cette jolie espèce n'est pas rare sur les montagnes d'Abbastouman, où elle se tient sous les feuilles sèches des Daphne, qui couvrent des espaces immenses au sommet de ces montagnes (Juin). M. de Nordmann l'a aussi rapportée de son voyage. Elle varie beaucoup pour la grandeur.

140. C. MARGINICOLLIS.

Long. $4\frac{1}{2}$—$5\frac{1}{4}$ lignes.

Très-voisin du fulvipes. Corselet plus étroit, moins rétréci antérieurement; bord antérieur moins échancré; côtés un peu sinués postérieurement; angles de la base non arrondis au sommet; bords latéraux plus largement déprimés, plus relevés en carène; élytres ovalaires, non parallèles; intervalles des stries plus convexes; suture légèrement relevée en carène.

J'en ai reçu plusieurs exemplaires des environs de Lenkoran (Avril-Mai).

141. C. DILUTUS, mihi.

Bulletin de Moscou, 1842. p. 822.
Commun dans les provinces transcaucasiennes.

142. C. PELTATUS.

KOLENATI, Melet. entom. p. 42. tab. II. f. 8.

Cette jolie petite espèce vient des environs d'Elisabethpol.

143. C. MELANOCEPHALUS, Fabricius.

DEJ. Spec. III. p. 80.

FALD. Fauna transc. III. p. 64.

Commun dans les provinces transcaucasiennes.

144. C. ALPINUS.

DEJ. Spec. III. p. 82.

On le trouve sur les hauteurs du Caucase (7— 9000 p.).

145. C. CAUCASICUS.

long. $5\frac{1}{4}$ lignes.

Il ressemble plutôt à un Steropus qu'à un Calathus, quoique ses caractères génériques le fassent placer dans ce genre.

Tête comme dans le C. latus; palpes et antennes plus courts, et plus gros. Corselet un peu moins long que large, presque du double plus large que la tête, assez fortement échancré antérieurement; angles antérieurs assez saillants, aigus, à peine arrondis à l'extrême pointe, très-distants des côtés de la tête; côtés passablement et également arrondis; base un peu plus étroite, assez échancrée au milieu en arc de cercle; angles postérieurs obtus et bien arrondis; dessus convexe, avec la ligne du milieu atteignant presque la base et l'extrêmité et assez profondément enfoncée; bords latéraux déprimés et relevés assez largement, surtout vers la base; de chaque côté de celle-ci une impression ovale et profonde qui se confond avec le bord déprimé; ligne transversale antérieure en arc de cercle, peu marquée, postérieure pas visible; lisse et très-finement ridé transversalement. Elytres à peine plus larges que le corselet, en ovale allongé; base arrondie avec les épaules, avec un rebord sinué; rondeur des épaules assez convexe; côtés peu arrondis au milieu; extrêmité un peu allongée en pointe arrondie; suture entr'ouverte à l'extrêmité; dessus assez convexe; stries fortement marquées, lisses; intervalles assez convexes; deux points enfoncés sur le 3e; série marginale un peu interrompue au milieu; dessous du corps presque lisse. Pattes assez fortes; premiers articles des 4 tarses postérieurs moins allongés et un peu plus triangulaires que dans les autres Calathus.

D'un noir un peu plus brillant en dessous qu'en

dessus; premier article des antennes, palpes et trochanters un peu brunâtres.

J'en ai trouvé plusieurs exemplaires à 8000 pieds
d'élévation, sur le mont Sakao, sous des pierres (Juin);
je ne l'ai pas retrouvé ailleurs.

146. C. FEMORALIS.

Long. 4 lignes.

Il ressemble un peu pour la forme au C. Solieri,
Bassi, (thoracicus, Dej. Cat. 3e édit.) mais les
couleurs sont très-différentes.

Tête à peu près comme celle du Microcephalus,
un peu plus longue, et paraissant plus amincie devant
et derrière. Palpes et antennes plus allongés, mais
pas plus grêles. Corselet un peu plus étroit, un peu
rétréci antérieurement; côtés plus arrondis postérieurement; angles plus arrondis, mais dont le sommet
est marqué; ligne du milieu plus marquée; impressions
de la base plus profondes et plus larges; bord beaucoup
plus déprimé et réfléchi postérieurement. Elytres
ovales, non parallèles, de moitié plus larges que le
corselet; base arrondie avec les épaules; rondeur de
celles-ci très-convexe; côtés assez arrondis; extrêmité
peu pointue, nullement sinuée; stries lisses, profondes;
intervalles assez convexes; sur le 3e trois points

enfoncés; série marginale un peu interrompue au milieu. Pattes grêles, allongées.

Noir brillant; élytres opaques, comme soyeuses; antennes ferrugineuses, avec le milieu de chaque article plus obscur; palpes, jambes et tarses ferrugineux.

J'ai trouvé plusieurs exemplaires de ce gracieux insecte sous des troncs de bouleaux pourris, des feuilles sèches de Daphne, ou courant sur les herbes, entre 6—8000 pieds, sur les montagnes d'Abbastouman (Juin).

147. Taphria vivalis, Illiger.

Dej. Spec. III. p. 85.

Dans les vallées hautes du Caucase (Juin), et en Arménie (Juillet).

148. Sphodrus longicollis, Stéven.

Dej. Spec. III. p. 92.

Fald. Fauna transc. III. p. 64.

Je l'ai reçu des environs de Lenkoran (Avril–Mai), et d'Arménie (Juillet).

149. Cardiomera elongata.

Platynus elongatus, Stéven, Dej. Spec. V. p. 716.

Elle est commune près de la neige fondante, sous

les pierres, sur les sommets des montagnes du Caucase, près de Kwischet et de Kobi (Juin).

Le genre Cardiomera a été établi par M. Bassi, (Annales de la Société entom. de France, 1834. tom. 3. p. 319.) sur une espèce nouvelle de Sicile. Indépendamment de la conformation des tarses, les espèces de ce genre diffèrent des Platynus par la pubescence des antennes, qui commence depuis la base du 3e article, et par les poils dont les tarses sont couverts en dessus. Ce sont des caractères qu'il ne faut pas négliger, quand leur constance est un gage de leur importance.

150. C. DUBIA.

Long. 5 — $5\frac{1}{2}$ lignes.

Intermédiaire entre l'espèce précédente et la suivante. Elle diffère de l'elongata par la stature plus raccourcie. Tête moins allongée; front plus profondément canaliculé de chaque côté. Corselet plus court, moins long que large, plus arrondi antérieurement sur les côtés; angles antérieurs un peu plus aigus; base tronquée très-peu obliquement sur les côtés. Elytres beaucoup plus raccourcies, plus ovales; intervalles des stries un peu moins convexes. Pattes un peu moins allongées.

On trouve cette espèce sur les sommets des

montagnes de l'Imérétie, près des neiges, à 8 —
9000 pieds.

151. C. VALIDA.

Long. 4½ — 5 lignes

Beaucoup plus raccourcie et plus robuste que la
C. elongata. Tête plus large, beaucoup plus courte;
yeux plus proéminens; antennes plus courtes; 1er
article plus épais; les 4e—11e plus courts et plus gros.
Corselet beaucoup plus court, un peu transversal,
plus large antérieurement, et plus cordiforme; angles
antérieurs un peu prolongés; ceux de la base droits,
aigus; côtés encore plus arrondis antérieurement que
dans la précédente, plus longuement et plus fortement
sinués près de la base; bords latéraux assez largement
déprimés et relevés, un peu rugueux; ligne du milieu
plus enfoncée, ainsi que la transversale postérieure,
et les fossettes de la base; près de l'angle postérieur,
une petite strie courte, assez distincte. Elytres un
peu plus larges, beaucoup plus courtes; extrêmité
plus obtuse; dessus encore plus plane; bords latéraux
plus réfléchis; stries lisses, plus profondes. Pattes un
peu plus courtes, surtout plus fortes; poils plus longs.
La couleur noire plus obscure et plus brillante.

Je l'ai trouvée à 8000 pieds, au sommet des
montagnes d'Abbastouman, sous des pierres, au bord

des ruisseaux découlant des amas de neige fondante (Juin). Plusieurs exemplaires.

152. Anchomenus angusticollis, Fabricius.

Dej. Spec. III. p. 104.

Sur les bords de la mer à Redoute-Kalé (commencement de Juillet), et en Arménie.

153. A. prasinus, Fabricius.

Dej. Spec. III. p. 116.
Fald. Fauna transc. III. p. 64.

Extrêmement commun dans les provinces trans-caucasiennes, au commencement du printemps; on le trouve aussi dans les vallées du Caucase.

154. Agonum marginatum, Fabricius.

Dej. Spec. III. p. 133.

A Akhaltzik, sous les cailloux, au bord de la rivière.

155. A. modestum, Sturm.

Dej. Spec. III. p. 138.

J'ai reçu cette espèce avec ses variétés plus ou moins cuivreuses, des environs de Lenkoran (Avril); je l'ai prise aussi au Caucase. Le Comte Dejean, qui l'avait reçue de M. Ménétriés sous le nom de chrysopraseum, l'a rapporté, à tort selon moi, à l'austriacum.

156. A. RUGICOLLE.

Long. 4 lignes.

Il a quelque affinité avec le triste, mais il en est bien distinct. Tête un peu plus large, yeux moins proéminens, un peu déprimés. Corselet plus court et plus étroit, un peu rétréci vers la base, plus largement et plus profondément échancré antérieurement; angles antérieurs proéminens, un peu aigus; côtés moins arrondis; angles postérieurs marqués; base tronquée plus obliquement des deux côtés; dessus plus plane, sans impressions transversales, finement ridé transversalement; fossettes de la base lisses, moins marquées. Elytres plus grandes, c. à. d. un peu plus larges et plus longues, plus acuminées, plus planes, plus distinctement striées; intervalles un peu convexes.

D'un noir brillant, le dessus d'un cuivreux-obscur, quelquefois verdâtre.

Quelques exemplaires trouvés entre Kobi et le monument du sommet de la montagne de la croix, dans un endroit humide, sous des pierres, à 8000 pieds (Juin).

157. A. parumpunctatum, Fabricius.

Dej. Spec. III. p. 143.

Montagnes du Caucase, localités humides (Juin).

158. A. longicorne.

Long. 4 lignes.

Il ressemble un peu à l'A. elongatum. Les yeux sont moins saillants, aplatis; le corselet plus large, un peu plus échancré antérieurement; les côtés plus arrondis au milieu, ce qui leur donne l'air d'être légèrement anguleux; la base n'est pas coupée obliquement vers les angles; elle est tronquée presque carrément, avec deux légères sinuosités; les bords latéraux sont moins relevés, étroitement transparens; l'impression de chaque côté de la base moins marquée; les élytres plus larges et plus courtes; les épaules moins saillantes; les stries plus marquées et distinctement ponctuées; les intervalles moins planes, avec trois points seulement sur le 3e. Antennes très-grêles et très-longues.

D'un brun-noirâtre obscur; extrémité des palpes, premier article des antennes, trochanters, base des cuisses, jambes et tarses d'un brun-ferrugineux.

On ne saurait confondre cette espèce avec aucune

de celles qui sont décrites. Je l'ai reçue des environs de Lenkoran (Avril).

159. A. VIDUUM, Panzer.

DEJ. Spec. III. p. 149.

Je n'en ai trouvé qu'un seul individu au Caucase.

160. A. CHALCONOTUM, Ménétriés.

FALD. Fauna transc. I. p. 48.

Je ne suis pas sûr que l'insecte que je rapporte à cette espèce, soit effectivement le même que celui que Faldermann a décrit. Il est à remarquer que Ménétriés, dans son Catalogue raisonné, dit: »thorace subtransverso«, tandis que Faldermann s'exprime ainsi: »thorax latitudine vix brevior«. Dans l'individu que je possède, le corselet est ausi long que large. Je l'ai pris le soir à la lumière, aux environs de Tiflis (Juin).

161. OLISTHOPUS ROTUNDATUS, Paykull.

DEJ. Spec. III. p. 177.

Vallées du Caucase, dans les bois, sous les pierres (Juin).

162. FERONIA (Pœcilus) CUPREA, Fabricius.

DEJ. Spec. III. p. 207.

Fald. Fauna transc. III. p. 66.

Caucase. On rencontre souvent la variété plus petite, que je crois être la versicolor de Megerle.

163. F. erythropus, Stéven.

Fald. Fauna transc. I. p. 50.

F. cuprea, var. C. Dej. Spec. III. p. 207.

Elle est très-commune en Géorgie, surtout dans les provinces méridionales; j'en ai trouvé une variété noire, constante, près de Kwischet, au pied de la montagne, courant sur les chemins, près des champs cultivés (Avril–Juin).

164. F. Gotschii.

Long. $5\frac{1}{4}$ lignes.

Plus petit et beaucoup plus étroit que le P. cupreus. Tête plus distinctement pointillée, un peu resserrée de chaque côté derrière les yeux. Corselet plus étroit, ce qui le fait paraître plus long, à peine plus étroit devant que derrière; angles anté-rieurs plus arrondis, ceux de la base un peu obtus, sans dent apparente au sommet, nullement arrondis; côtés plus arrondis au milieu; bords latéraux étroitement réfléchis, nullement déprimés vers la base; celle-ci moins ponctuée; impressions de la base en forme de stries raccourcies; les intérieures moins obliques, n'atteignant pas la base. Elytres plus étroites, à peine un peu plus larges que le milieu du corselet, presque parallèles, dilatées légèrement derrière l'angle huméral; stries fortement crénelées, intervalles convexes; le 3e avec deux points. Côtés de la poitrine et de l'abdomen plus distinctement ponctués.

D'un bleu plus ou moins clair en dessus; d'un brun-noirâtre en dessous. Antennes rougeâtres, les deux premiers articles rouges, les deux suivants noirâtres. Bouche et palpes brunâtres, avec des parties plus claires. Pattes d'un brun – noirâtre, jambes et tarses ciliés de noir.

Bien distincte de la F. cursoria et de la quadri-collis, elle se rapproche de quelques espèces d'Algérie.

Environs de Lenkoran (Avril).

165. F. stenodera.

Long. 6⅕ lignes.

Intermédiaire entre F. gressoria et lepida. Corselet plus petit que celui de cette dernière, plus court, plus étroit; angles antérieurs moins saillants, plus arrondis; ceux de la base droits, sans dent visible; impressions transversales de la base et du bord antérieur plus fortement marquées. Elytres plus larges que le corselet, plus allongées que celles de la lepida, plus planes, plus fortement striées; stries crénelées.

La couleur varie comme celle de la lepida, sans jamais être aussi cuivreuse; elle est ordinairement d'un vert-clair très-brillant, quelquefois bleue, rarement noirâtre. Les élytres des femelles sont un peu opaques, comme dans la lepida.

On ne saurait confondre cette espèce ni avec la lepida, ni avec la gressoria dont elle n'a pas le corselet cordiforme, ni avec la viatica, dont le corselet est plus large, et les angles postérieurs de celui-ci plus obtus.

J'en ai trouvé une seule fois un certain nombre d'individus dans la vallée de Kobi, sous des pierres, au pied des montagnes, à 8000 p. (Juin).

166. F. CRENATOSTRIATA.

Long. 6 — $6\frac{2}{3}$ lignes.

Très-voisine de la puncticollis, mais beaucoup plus grande. Tête plus finement pointillée. Corselet plus grand, un peu plus long, plus finement ponctué sur le milieu, avec deux stries de chaque côté de la base, l'extérieure courte. Elytres plus planes, un peu ovalaires; épaules moins avancées, plus arrondies; stries plus fortement crénelées près de la base.

Je possède deux exemplaires de cet insecte; l'un, plus petit, vient des environs de Lenkoran, l'autre, plus grand, a été pris en Crimée, près de Sévastopol, au fond de la baie d'Inkermann; la véritable puncticollis se trouve aussi en Crimée.

167. F. LÆVICOLLIS, mihi.

Bulletin de Moscou, 1842. p. 823. N. 59.
F. lugubris? DEJ. Spec. III. p. 227.

Dans les exemplaires que j'ai reçus des environs de Lenkoran, on voit une seconde impression assez courte à la base du corselet, et quelques points enfoncés peu nombreux autour de l'impression intérieure. Il serait possible que ce fût la F. lugubris STÉVEN, mais cette espèce est presque inconnue en Russie, et je ne l'ai vue dans aucune des collections de ce pays.

168. F. (Lagarus) VERNALIS, Fabricius.

DEJ. Spec. III. p. 241. (div. Argutor).
En Géorgie, sous les pierres, au printemps.

169. F. (Argutor) DIFFICILIS.

Long. 6⅔ lignes.

Assez difficile à distinguer de la F. strenua, dont elle me paraît cependant différer. Un peu plus grande; tête un peu plus large; corselet moins étroit vers la base, et moins sinué sur les côtés près des angles postérieurs; élytres plus longues et plus larges, un peu plus convèxes, plus ovalaires; stries plus distinctement crénelées; plus pointues à l'extrêmité; antennes et pattes un peu plus allongées; palpes un peu plus claires.

J'en ai reçu quelques individus des environs de Lenkoran (Avril).

170. F. (Pseudomaseus) CONFUSA.

Long. 5½ lignes.

Très-voisin de F. nigrita; antennes plus longues; corselet plus étroit, plus rétréci à la base; côtés plus arrondis, plus étroitement rebordés; ligne du milieu plus imprimée; élytres plus ovales; stries plus distinctement ponctuées; élytres tout aussi brillantes dans la femelle que dans le mâle.

Un mâle a été trouvé par mon ami, le Baron de Gotsch, au Caucase; une femelle m'a été envoyée de Lenkoran.

171. F. QUADRATICOLLIS.

Long. 3⅖ lignes.

Il ressemble à la F. minor. Yeux moins saillants. Corselet plus large, à peu près carré, presque aussi

long que large, moins rétréci postérieurement; côtés
plus arrondis près des angles antérieurs, plus sinués
près de ceux de la base, ceux-ci plus saillants en
dehors; dessus plus plane; les deux impressions transversales moins distinctes; la ligne du milieu non
élargie en fossette devant la base; stries de la base:
l'intérieure plus longue, l'extérieure plus courte.
Elytres plus larges, mais pas plus que le milieu du
corselet, moins parallèles, plus planes; stries plus
distinctement crénelées; bord latéral un peu plus
largement refléchi. Anus du mâle avec une fossette
imprimée.

J'en ai trouvé quelques exemplaires sur les
sommités centrales du Caucase (Juin). Je l'ai aussi
reçu d'Arménie (Juillet).

172. F. CAUCASICA, Ménétriés.

FALD. Fauna transc. I. p. 52.

Sommet des montagnes du Caucase central, près
de Kobi et de Kwischet, 8000 p. (Juin). Cette espèce
varie un peu quant à la longueur des élytres.

173. F. SERIEPUNCTATA.

Long. 6 lignes.

Plus grande que la F. anthracina, plus large
et plus forte. Tête plus large et plus courte; impressions

frontales plus courtes et moins enfoncées; yeux plus petits et moins saillants; mandibules plus fortes; antennes plus épaisses, moins amincies vers l'extrémité. Corselet beaucoup plus grand, c. à. d. plus long et plus large, plus élargi au milieu, ce qui le fait paraître un peu rétréci postérieurement, plus distinctement échancré à la base; stries de la base plus profondes, moins ponctuées. Elytres plus larges que dans l'anthracina, quoique excédant à peine la largeur du corselet à sa partie antérieure, non parallèles, mais en ovale, à peine sinuées à l'extrémité, plus convexes, à bords plus relevés; intervalles des stries plus convexes; six points enfoncés sur le 3e, et une rangée non interrompue près des bords.

La femelle est moins allongée; le corselet et les élytres sont plus courts, celles-ci tout-à-fait opaques.

Dernier anneau de l'abdomen du mâle, marqué d'une impression arrondie, avec un tubercule aigu au fond; celui de la femelle lisse.

Sommet des montagnes d'Abbastouman; 8000 pieds (Juin).

174. F. RUFIMANA.

Long. 6 lignes.

Voisin du précédent. Corselet plus étroit, et plus rétréci postérieurement; côtés beaucoup plus sinués vers la base; angles postérieurs beaucoup plus aigus, ressortants. Quatre points enfoncés sur le 3e intervalle des élytres. Tarses ferrugineux. Couleur générale un peu plus brune.

Je n'ai trouvé qu'un seul exemplaire de cet insecte, que je n'ai pû rapporter à aucune des espèces connues; je l'ai pris au sommet du col élevé d'environ 6000 pieds, que l'on traverse en allant d'Oni à Satchkhéri, en Imérétie, sous une pierre, au commencement de Juin (Mâle).

175. F. ARATOR.

FALD. Fauna transc. 1. p. 65.

F. armeniaca? MANNERHEIM, (inédit).

Sommet des montagnes d'Abbastouman, à 8000 p. d'élévation (Juin).

176. F. (Omaseus) CARDIODERA.

Long. $8\frac{1}{2}$ lignes.

Elle ressemble beaucoup à la F. melanaria, dont elle me paraît cependant distincte. Yeux moins saillants. Corselet plus élargi antérieurement, plus en cœur; côtés plus arrondis, plus sinués près de la base; angles postérieurs saillants, aigus, et non obtus et dentés comme dans la Melanaria; dessus plus convexe; impressions transversales de là base et de l'extrémité plus marquées; strie extérieure près de l'angle postérieur un peu plus longue, et dirigée antérieurement en dehors. Elytres un peu plus larges, plus dilatées postérieurement; épaules plus arrondies; extrêmité plus en pointe; bord latéral plus relevé.

Je ne sais si je dois considérer comme variété deux exemplaires, dont le corselet est moins élargi antérieurement, quoique plus que dans la melanaria; les côtés moins arrondis, mais plus sinués près des angles; le dessus un peu moins convexe; les impressions transversales effacées ou à peu près; la strie intérieure de la base à peine marquée au fond de l'impression des côtés de la base.

J'ai comparé mes exemplaires à beaucoup d'exemplaires de la melanaria, qui m'ont toujours présenté une forme constante du corselet, bien différente de celle de mon espèce, mais elle ne pourra être bien constatée que quand on aura trouvé un plus grand nombre d'individus. Elle habite les forêts qui couvrent les versants des montagnes de l'Imérétie (Radscha), où elle n'est probablement pas plus rare que la melanaria dans nos contrées (Juin).

177. F. (Lyperus) ELONGATA, Megerle.

Dej. Spec. III. p. 288.

Fald. Fauna transc. III. p. 69.

Des environs de Lenkoran (Avril).

178. F. (Agonodemus) PULCHELLA.

Fald. Fauna transc. I. p. 60.

F. elegantula, MIHI; Bulletin de Moscou, 1844. p. 442.

Cette espèce qui est commune sur les montagnes du Caucase à une élévation de 6 à 9000 pieds, varie extrêmement pour la largeur et la forme plus ou moins en cœur du corselet, qui est aussi plus ou moins convexe; les élytres sont plus ou moins ovales, plus ou moins courtes, plus ou moins convexes. C'est une de ces variétés, étroite et convexe, que j'ai nommée elegantula, n'en possédant alors qu'un seul exemplaire.

179. F. RUFIPALPIS.

Long. 4 lignes.

Très-voisine des exemplaires étroits de la précédente. La tête est plus grosse, et parfaitement lisse; le corselet plus court, moins rétréci postérieurement; les angles antérieurs moins arrondis; les impressions des côtés de la base plus larges et plus profondes; celle-ci moins ponctuée, presque lisse au milieu; les élytres plus convexes que dans aucun des exemplaires de la précédente, plus arrondies sur les côtés; stries moins distinctement ponctuées.

Constamment d'un noir-obscur très-brillant; palpes, jambes et tarses d'un brun-rougeâtre.

Plusieurs exemplaires sur le sommet des montagnes d'Abbastouman, à 8000 pieds (Juin).

180. F. LATICOLLIS.

Long. $4\frac{1}{4}$ lignes.

Voisine de la pulchella, mais distincte à la première vue par la forme du corselet. Tête plus grosse, surtout à la base, un peu plus courte, plus plane, très-lisse; yeux moins saillants. Corselet plus large que dans la plupart des exemplaires de la pulchella, beaucoup moins arrondi sur les côtés, à peine rétréci postérieurement, et légèrement sinué vers les angles de la base; ceux-ci moins aigus; bord antérieur un peu plus échancré; milieu de la base plus plane; impression des côtés de celle-ci beaucoup moins marquée, effacée près du bord postérieur; extérieurement une autre impression assez distincte, quoique peu enfoncée, moitié plus courte et presque arrondie; ponctuation serrée. Elytres plus larges, plus courtes; angle huméral bien marqué, à peine arrondi. Antennes plus courtes.

J'en ai pris quelques exemplaires dans les mêmes

localités que la pulchella, mais seulement en Imérétie, près de Glola (Juin).

181. F. ANACHORETA, Ménétriés.

FALD. Fauna transc. I. p. 59.

Cette espèce paraît habiter toutes les montagnes peu élevées de la Géorgie; je l'ai trouvée près d'Ananour, et entre Akhaltzik et Abbastouman, sous des pierres (Juin), et je l'ai reçue des environs d'Elisabethpol (Avril–Mai).

182. F. (Myosodus) ORDINATA, Stéven.

Pterostichus id. FISCHER, Entomogr. II. p. 121. tab. XXXVII. f. 8.

J'en ai trouvé un assez grand nombre d'individus, à 9000 pieds d'élévation, sur les montagnes qui dominent Glola, mais jamais ailleurs (Juin). Cette espèce varie quant à la ponctuation des élytres; tantôt on remarque sur les élytres 3 rangées de points enfoncés, tantôt deux; quelquefois la première seule est visible.

183. F. REGULARIS, Stéven.

Pterostichus id. FISCHER, Entomogr. II. p. 123. tab. XXXVII. f. 9.

Feronia obscura, STÉVEN, DEJ. Spec. III. p. 348.

Je l'ai prise en abondance près de Kobi et de Kwischet, dans le Caucase central, à 8—9000 pieds (Juin). Les élytres sont plus ou moins ovales.

184. F. (Glyptopterus) Schoenherri.

Fald. Fauna transc. I. p. 61. tab. III. f. 4.

Cette espèce n'est pas rare sur le sommet des montagnes d'Abbastouman, sous les troncs de bouleaux morts et les pierres, à 6000 pieds et plus d'élévation.

185. F. lacunosa, mihi.

Bulletin de Moscou, 1844. p. 442.

Je n'en ai trouvé qu'un seul individu dans le Caucase central, près de Kwischet, à la hauteur de 4 à 5000 pieds, sous une pierre près d'un ruisseau (Juin). J'ai négligé dans ma description (l. c.) de dire que les antennes étaient longues et minces.

186. F. (Pterostichus) nigra, Fabricius.

Dej. Spec. III. p. 337.

Fald. Fauna transc. III. p. 69.

Je n'ai trouvé qu'un seul individu de cette espèce dans les forêts des montagnes de l'Imérétie (Juin).

187. F. subcordata, mihi.

Bulletin de Moscou, 1842. p. 824; 1844. p. 426.

Très-commun dans les forêts du Khanat de Talyche (Avril) et en Arménie.

188. F. (Oreophilus) Tamsii ?

Dej. Spec. V. p. 768.

Commune au sommet des montagnes de l'Imérétie, entre 7 et 9000 pieds (Juin). Ce n'est qu'avec doute que je rapporte cette espèce à la F. Tamsii du Comte Dejean. que je n'ai jamais vue. C'est l'opinion de M. de Motschoulsky, à qui je l'ai communiquée; il n'y a que 3 points sur le 3e intervalle; les cuisses sont souvent rougeâtres; les élytres de la femelle sont opaques.

189. F. (Abax) inaperta.

Fald. Fauna transc. 1. p. 64.

J'en ai pris plusieurs exemplaires sur les montagnes d'Abbastouman, à 8000 pieds, et quelques-uns en société de la précédente, sur celles d'Imérétie, près de Glola (Juin). On le trouve aussi en Arménie (Juillet).

190. F. (Lyrothorax) caspia, Ménétriés.

Fald. Fauna transc. I. p. 56.

Je l'ai reçue des environs de Lenkoran (Avril).

191. CEPHALOTES VULGARIS, Bonelli.

DEJ. Spec. III. p. 428.

FALD. Fauna transc. III. p. 70.

Commun aux environs de Tiflis et dans toute la Géorgie.

192. STOMIS PUMICATUS, Panzer.

DEJ. Spec. III. p. 435.

FALD. Fauna transc. III. p. 71.

J'en ai reçu quelques individus du midi de la Géorgie (Avril). Un exemplaire que j'ai trouvé dans les vallées hautes de l'Imérétie, et un second de celles d'Arménie, diffèrent un peu par la forme moins parallèle, et plùs ovale des élytres, sans qu'ils puissent constituer une espèce particulière.

193. EUTROCTES AUREOLUS.

Pelobatus id. FALD. Fauna transc. I. p. 72. tab. III. f. 6.

Le Baron de Gotsch l'a trouvé en Arménie (Juillet).

194. E. AURICHALCEUS, Adams.

ZIMMERMANN, Monographie der Carabiden. 1es St. S. 18.

DEJ. Spec. III. p. 455. (Zabrus).

Plusieurs exemplaires sur les montagnes centrales du Caucase près de Kobi et de Kwischet, à 8000 pieds. environ, sous les pierres, et courant sur le gazon (Juin). Les 3 lignes élevées des élytres, à peine marquées dans le mâle, sont un peu plus distinctes dans la femelle.

195. E. OXYGONUS.

Long. 9½ — 10 lignes.

Très–voisin du précédent. Tête un peu plus grosse postérieurement. Corselet du mâle moins rétréci antérieurement; angles antérieurs moins arrondis au sommet qui est assez saillant (ce qui distingue cette espèce de ses congénères); côtés moins arrondis; base passablement échancrée en arc de cercle (coupée carrément dans l'aurichalceus); angles postérieurs légèrement prolongés en arrière, un peu plus arrondis au sommet; bords latéraux plus largement réfléchis et plus relevés vers les angles postérieurs surtout; base plus profondément impressionnée des deux côtés. Dans la femelle le corselet est plus large, ce qui le fait paraître plus court. Elytres un peu plus larges, moins rétrécies vers la base; angles huméraux dé–passant davantage la base du corselet; plus droits, et presque dentés; maximum de largeur un peu avant le milieu (dans l'aurichalceus au delà du milieu); extrémité moins sinuée; la ponctuation est moins régulière, moins serrée, les points enfoncés se confondent irrégulièrement; les intervalles sont très-planes, les lignes élevées tout-à-fait effacées. Dans la femelle, les élytres sont plus larges et beaucoup plus courtes, les lignes élevées un peu plus distinctes Cuisses postérieures du mâle plus renflées. Couleur comme dans les exemplaires un peu foncés du précédent; femelle également opaque.

Je ne possède qu'une paire de cet insecte, que j'ai rencontrée courant sur le gazon au sommet du col qu'on traverse en allant des eaux d'Abbastouman à Bahdad, sur la route de Koutaïs, à 7 — 8000 pieds d'élévation (Juin). Il ne saurait cependant y avoir le moindre doute sur l'authenticité de cette espèce, que j'ai pu comparer à toutes les espèces connues de ce genre, les possédant dans ma collection.

196. E. congener.

Zimmermann, Monogr. d. Carab. S. 19.

Pelobatus heros, Mannerheim; Fald. Fauna transc. I. p. 69, tab. III. f. 9.

J'ai trouvé un individu que je crois devoir être rapporté à cette espèce, près de Kwischet (Caucase central), au sommet de la montagne (Juin).

197. E. lævigatus.

Long. 8 — 9 lignes.

Constamment plus petit et moins allongé que

l'aurichalceus. Tête finement réticulée. Corselet à peine rétréci antérieurement, un peu moins arrondi sur les côtés; sommet des angles postérieurs plus arrondi; disque moins convexe; impression transversale et fossettes des côtés de la base moins enfoncées. Elytres du mâle plus convexes, moins allongées, un peu plus arrondies sur les côtés, plus amincies vers l'extrémité, presque lisses vers les côtés, avec quelques rides courtes plus ou moins sinuées et entremêlées, disposées en rangées beaucoup moins serrées et moins régulières, un peu plus distinctes vers la suture que vers les côtés, où elles sont presque effacées; des 3 côtes élevées, on ne distingue un peu que celle qui est la plus proche de la suture; dans la femelle, les élytres sont encore plus courtes, plus larges à la base, les rides sont distinctes sur toute la surface, beaucoup moins serrées que dans la femelle de l'aurichalceus, dessinant bien les 3 côtes, qui sont très-planes, ainsi que tous les intervalles des rides, et formant entre chaque côte deux stries irrégulières et embrouillées.

La couleur varie du rouge-cuivreux le plus éclatant au vert-bronzé obscur; la surface du mâle est très-brillante; la femelle est plus opaque, surtout sur les élytres, et ordinairement verdâtre; le dessous

du corps un peu plus métallique que dans l'aurichalceus.

J'ai trouvé une soixantaine d'individus des deux
sexes de cette jolie espèce sur les montagnes de
l'Imérétie, près d'Oni et de Glola, à 8000 pieds,
(Juin) sous les pierres. Elle y remplace l'aurichalceus
de la chaîne centrale.

198. E. PUNCTIPENNIS.

Long. $8\frac{2}{3}$ — 9 lignes.

Le mâle ressemble beaucoup à celui du Lœvigatus,
et ce sont surtout les femelles qui diffèrent. Cependant
le corselet est plus arrondi sur les côtés, moins
rétréci antérieurement, et davantage postérieurement;
les angles postérieurs sont plus obtus; les élytres un
peu plus allongées, un peu moins convexes, et couvertes de points ronds peu enfoncés, peu serrés, et
à peu près disposés en stries; les bords sont presque
lisses. La femelle présente le même dessin que le
mâle sur les élytres, mais encore moins marqué;
celles-ci sont un peu plus courtes, plus dilatées au
milieu, et d'une couleur plus opaque.

J'en possède des exemplaires d'un violet-pourpré,
couleur que je n'ai pas rencontrée dans le Lœvigatus.

Trouvé en Arménie par le Baron de Gotsch
(Juillet).

199. Zabrus Trinii.

Fischer, Mémoires de la Soc. des Nat. de Mosc.
V. p. 468.

Fald. Fauna transc. III. p. 72.

Je l'ai trouvé sous les pierres des champs, entre
Souram et Abbastouman (Juin). Il paraît être très-
commun en Arménie (Juillet).

Je ne connais pas le Z. caucasicus, Zimm., mais,
à en juger par la description (Monogr. d. Carab. S.
55), il doit être différent de celui-ci, quoiqu'ils
appartiennent au même groupe.

200. Z. gibbosus, Ménétriés.

Zimmermann, Monogr. d. Carab. S. 57.
Fald. Fauna transc. I. p. 67.

Je l'ai reçu des environs de Bakou (Avril); il
habite sous les pierres, dans les endroits arides.

201. Z. gibbus, Fabricius.

Dej. Spec. III. p. 453.
Zimm. Mon. d. Carab. S. 60.
Fald. Fauna transc. III. p. 71.

Commun dans les provinces transcaucasiennes
au printemps, et dans les vallées hautes du Caucase
(Juin).

202. Z. COGNATUS.

Long. 5½ lignes.

Il appartient à la division où se range le gibbus; il est beaucoup plus petit, et moins allongé. Yeux plus saillants; lèvre supérieure moins échancrée antérieurement, plus courte. Corselet un peu plus court, à peine rétréci antérieurement, plus étroit à sa base que la base des élytres; côtés plus arrondis, surtout dans leur moitié postérieure; angles de la base obtus, peu arrondis au sommet; base coupée carrément, ponctuée plus faiblement entre les impressions des côtés, qui sont un peu plus distinctes, avec quelques points peu nombreux entre les impressions et les angles; bord antérieur lisse ainsi que les bords latéraux, qui sont à peine déprimés, même près des angles postérieurs; bourrelet beaucoup plus mince, impression transversale postérieure nullement sensible. Elytres beaucoup plus courtes, moins parallèles, s'élargissant un peu jusqu'au delà du milieu, plus convexes, surtout vers l'extrêmité, distinctement dentées à l'épaule qui est tout-à-fait en angle droit; stries un peu moins marquées; intervalles plus planes. Ponctuation des côtés de la poitrine et de l'abdomen moins marquée.

D'un brun-noirâtre en dessus, sans reflet bronzé;

bords du corselet un peu transparents près des angles postérieurs; dessous du corps un peu moins foncé; antennes, palpes, jambes et tarses d'un ferrugineux assez obscur, ainsi que les trochanters postérieurs. (Mâle). La femelle ne diffère du mâle que par la couleur plus terne des élytres.

J'en ai trouvé un exemplaire entre Akhaltzik et Abbastouman, sous une pierre (Juin). Je l'ai aussi reçu d'Arménie (Juillet).

203. PERCOSIA PATRICIA, Creutzer.

Amara id. DEJ. Spec. III. p. 502.
FALD. Fauna transc. III. p. 74.

On la rencontre sur les sommets des montagnes du Caucase et du Taurus, entre 8 et 9000 pieds d'élévation; je n'en ai pris que trois exemplaires, dans lesquels les palpes et les antennes sont d'un brun foncé, et les pattes d'un rouge obscur.

204. CELIA MODESTA.

Amara modesta, DEJ. Spec. III. p. 482.
Je l'ai trouvée dans les montagnes centrales du Caucase.

205. C. ERRATICA, Duftschmidt.

Amara punctulata, DEJ. Spec. III. p. 472.

Assez commune sur les montagnes de l'Imérétie, à 8—9000 pieds d'élévation (Juin).

206. C. Quenselii, Schoenherr.

Amara id. Dej. Spec. III. p. 481.

J'en ai trouvé un exemplaire sur les Alpes centrales du Caucase, à 8000 pieds environ (Juin).

207. C. bifrons, Gyllenhal.

Amara id. Dej. Spec. III. p. 485.

Je l'ai prise en quantité sur les sommités centrales du Caucase (Juin).

208. C. grandicollis, Dejean.

Zimmermann, dans Silbermann. Revue entomologique, II. p. 219.

Amara brunnea, Dej. Spec. III. p. 483.

Var. Celia Seileri, Heer, Fauna Coléop. helv. I. p. 91.

On la trouve dans les mêmes endroits que la précédente (Juin) et en Arménie (Juillet).

209. Amara rufipes.

Dej. Spec. III. p. 478.

Fald. Fauna transc. III. p. 74.

Je l'ai prise en abondance dans un endroit marécageux, près de Duschet en Géorgie (Juin), courant sur le chemin; je l'ai reçue aussi des environs de Lenkoran. (Avril).

210. A. SIMILATA, Gyllenhal.

DEJ. Spec. III. p. 461.
FALD. Fauna transc. III. p. 73.
Commune dans le Caucase et en Géorgie.

211. A. TRIVIALIS, Duftschmidt.

DEJ. Spec. III. p. 464.
FALD. Fauna transc. III. p. 73.
Aussi commune dans le Caucase et en Géorgie que partout ailleurs.

212. A. INTERMEDIA.

Long. $3\frac{2}{3}$ lignes.

Semblable au premier abord à la trivialis, dont elle diffère par le corselet plus rétréci antérieurement, et dont la base n'est point ponctuée; l'impression intérieure moins marquée, et les angles postérieurs moins prolongés et moins aigus; les stries des élytres plus profondes vers l'extrêmité qu'à la base; par les palpes maxillaires et les pattes entièrement noirs. Le dessus est aussi un peu plus plane.

Je l'ai reçue de la Géorgie méridionale (Avril).

213. A. familiaris, Creutzer.

Dej. Spec. III. p. 469.

On la trouve dans toute la Géorgie.

214. A. gemina.

Zimmermann, dans Gistl's Faunus, I. 37.

Commune dans les montagnes du Caucase et en Géorgie.

215. Bradytus consularis, Duftschmidt.

Amara id. Dej. Spec. III. p. 500.

Fald. Fauna transc. III. p. 75.

Je l'ai pris, volant le soir aux environs de Tiflis (Juin), et je l'ai reçu d'Arménie.

216. B. apricarius, Fabricius.

Amara id. Dej. Spec. III. p. 506.

Fald. Fauna transc. III. p. 75.

Commun dans les provinces transcaucasiennes et au Caucase. J'ai reçu d'Arménie une variété remarquable par sa taille constamment beaucoup plus grande; je n'ai pas trouvé d'autres différences spécifiques.

217. B. crenatus.

Amara id. Dej. Spec. III. p. 507.

Commun aux environs de Tiflis, où on le prend
au vol, le soir, à la lumière (Juin).

218. B. CRENATOSTRIATUS.

Long. $3\frac{1}{2}$ lignes.

Ce n'est peut-être qu'une variété du précédent,
dont il diffère par le corselet moins large, moins
arrondi sur les côtés, moins rétréci postérieurement,
nullement sinué près des angles postérieurs qui sont
un peu moins droits, par les élytres plus planes.

Je l'ai reçu des environs de Lenkoran (Avril).

219. LEIOCNEMIS? POLITA.

Long. $3\frac{1}{2}$ lignes.

Cette espèce, que je ne place qu'avec doute dans
ce genre, n'en possédant qu'un individu femelle, a
quelque ressemblance avec le Bradytus apricarius.

Tête plus étroite, surtout vers la base; fossettes
du front mieux marquées. Antennes plus minces et
plus allongées. Corselet plus étroit, nullement sinué
sur les côtés vers la base; angles postérieurs droits,
légèrement obtus; dessus lisse, à l'exception de
l'espace auprès des fossettes de la base qui sont
moins marquées; milieu de la base lisse. Elytres plus
ovalaires, plus arrondies sur les côtés, un peu plus

allongées, un peu moins convexes· sur le disque; stries plus fortes, mais moins ponctuées; intervalles très-lisses. Dessous du corps ponctué de même.

La côuleur est la même, mais le vernis est plus brillant, ce que j'ai voulu indiquer par le nom que je lui ai donné.

Envoyée d'Arménie par le Baron de Gotsch, qui l'y a trouvée en Juillet.

220. Leirus aulicus, Illiger.

Amara aulica, Dej. Spec. III. p. 515.
Fald. Fauna transc. III. p. 75.

Commun sur les sommités du Caucase et du Taurus, jusqu'à la limite des neiges (Juin). Les pattes ou du moins les cuisses sont d'un brun-obscur, quelquefois rougeâtre aux jambes et aux tarses.

221. L. parallelus, mihi.

Bulletin de Moscou, 1842. p. 827.

Je l'ai reçu du midi des provinces transcaucasiennes (Avril-Mai). Mes exemplaires, sans doute récemment transformés, sont beaucoup plus clairs que celui que j'ai décrit, et un peu bronzés en dessus.

222. Daptus vittiger, Bœber.

D. vittatus, Gebler, Dej. Spec. IV. p. 19.

Fald. Fauna transc. III. p. 76.

Je l'ai reçu des bords de la mer Caspienne (Avril).

223. Acinopus megacephalus, Illiger.

Dej. Spec. IV. p. 33.

Fald. Fauna transc. III. 76.

On le trouve très-communément sous les pierres, dans les endroits arides, dans toutes les vallées hautes du Caucase, jusqu'à 3000 pieds, et dans les provinces transcaucasiennes; il varie beaucoup pour la grandeur et pour la forme; dans les très–petits exemplaires, la tête est moins renflée; d'autres sont plus étroits; les angles postérieurs du corselet sont moins arrondis; les stries des élytres moins marquées; les intervalles tout-à-fait planes (A. lævigatus, Ménétriés); mais on trouve tant de passages entre ces diverses variétés, qu'il est impossible, à mon avis, d'en faire des espèces particulières.

224. A. bucéphalus.

Dej. Spec. IV. p. 36.

Fald. Fauna transc. III. p. 76.

Je l'ai reçu des environs de Lenkoran (Mai).

225. A. emarginatus, mihi.

Bulletin de Moscou, 1842. p. 829.

Il provient des mêmes localités.

226. A. STRIOLATUS, Zoubkoff.

Bulletin de Moscou, 1833 p.

A. nitidus, FALD. Fauna transc. I. p. 77.

J'ai reçu cette belle espèce, remarquable par le poli qui la couvre, des environs de Lenkoran; je l'ai attentivement comparée aux exemplaires de ma collection qui ont été pris en Turcoménie, et je ne saurais avoir de doute sur leur identité (Avril).

227. A. AMMOPHILUS, Stéven.

DEJ. Spec. IV. p. 38.

FALD. Fauna transc. III. p. 77.

Cette espèce est assez commune en été dans les provinces transcaucasiennes; elle court sur les grandes routes, de préférence dans les localités arides.

228. A. GRANDIS.

FALD. Fauna transc. I. p. 76.

A. ammophilus var. DEJ. Cat. d. Col. 3e éd. p. 47.

Je ne saurais partager l'opinion du Comte Dejean sur cet insecte; il est trop différent de l'ammophilus, pour qu'on puisse admettre un instant que ce soit la même espèce, quand on a eu la faculté d'en examiner plusieurs exemplaires. Je l'ai reçu des bords de la mer caspienne, près de Lenkoran (Avril).

229. Anisodactylus pseudoæneus, Stéven.

Dej. Spec. IV. p. 157.

Fald. Fauna transc. III. p. 77.

J'en ai reçu plusieurs individus des environs de Lenkoran (Avril). Cette espèce paraît répandue dans tout le centre de l'Asie, car M. de Motschoulsky me l'a aussi envoyée, comme venant des steppes des Kirguises, sous le nom d'A. punctipennis, Gebler.

230. A. intermedius.

Dej. Spec. IV. p. 139.

Fald, Fauna transc. III. p. 77.

Il m'a été envoyé de Lenkoran avec le précédent (Avril).

231. A. spurcaticornis, Ziegler.

Dej. Spec. IV. p. 142.

Il se trouve dans les montagnes du Caucase; j'en possède un individu plus petit que les moindres exemplaires du gilvipes, et plus étroit, mais que je ne crois pas devoir former une espèce particulière.

232. Gynandromorphus etruscus, Schoenherr.

Dej. Spec. IV. p. 188.

Fald. Fauna transc. III. p. 78.

Commun dans la Géorgie méridionale, au printemps.

233. Diachromus germanus, Fabricius.

Erichson, Kæfer der Mark Brand. I. S. 48.

Harpalus id. Dej. Spec. IV. p. 230.

Ophonus id. Fald. Fauna transc. III. p. 80.

Je l'ai pris en fauchant sur les prairies dans les vallées du Caucase, près d'Oni, en Imérétie (Juin), et je l'ai reçu en abondance du midi des provinces transcaucasiennes, et des environs de Lenkoran (Avril–Juin).

234. Ophonus columbinus, Germar.

Fald. Fauna transc. III. p. 78.

Harpalus id. Dej. Spec. IV. p. 193.

Des environs de Lenkoran (Avril). Arménie (Juillet).

235. O. sabulicola, Panzer.

Fald. Fauna transc. III. p. 78.

Harpalus id. Dej. Spec. IV. p. 195.

Il habite sous les pierres, dans les localités arides des provinces transcaucasiennes (Avril–Juin).

236. O. monticola, Dejean.

Fald. Fauna transc. III. p. 78.

Harpalus id. Dej. Spec. IV. p. 195.

Je l'ai trouvé sous les pierres, sur les montagnes

peu élevées qui avoisinent Ananour dans le Caucase, et Akhaltzik (Juin). Province d'Arménie, Juillet (Baron de Gotsch).

237. O. PUNCTULATUS, Duftschmidt.

FALD. Fauna transc. III. p. 78.

Harpalus id. DEJ. Spec. IV. p. 202.

On le trouve sous les pierres en Imérétie (Juin).

238. O. LATICOLLIS, Mannerheim.

FALD. Fauna transc. III. p. 79.

Harpalus id. DEJ. Spec. IV. p. 203.

Je l'ai trouvé près d'Akhaltzik, sur la route d'Abbastouman (Juin).

239. O. AGNATUS.

Long. $4\frac{2}{3}$ lignes.

Très-voisin de l'azureus, dont il diffère par le corselet plus large, guères plus étroit que les élytres, très-peu ou point rétréci vers la base, et non sinué près des angles postérieurs, dont le sommet est assez arrondi; le dessus moins convexe, sans impressions, à l'exception de celles des côtés de la base qui sont à peine visibles; ponctuation partout plus serrée; élytres distinctement ponctuées en rangées sur les 3e, 5e et 7e intervalles.

Je l'ai pris en Géorgie.

240. O. chlorophanus, Zenker.

Fald. Fauna transc. III. p. 79.

Harpalus id. Dej. Spec. IV. p. 205.

Cette espèce est extrêmement commune sous les pierres, dans les plaines des provinces transcau-casiennes; on rencontre beaucoup de variétés.

241. C. atrocyaneus, mihi.

Bulletin de Moscou, 1842. p. 830.

Je l'ai reçu des environs de Lenkoran (Avril-Mai).

242. O. cribricollis, Stéven.

Fald. Fauna transc. III. p. 79.

Harpalus id. Dej. Spec. IV. p. 208.

On le trouve aux environs d'Akhaltzik (Juin).

243. O. convexicollis, Ménétriés.

Fald. Fauna transc. I. p. 85.

Il paraît assez commun aux environs de Lenkoran, dans le midi de la Géorgie et en Arménie.

244. O. subquadratus, Dejean.

Fald. Fauna transc. III. p. 80.

Harpalus id. Dej. Spec. IV. p. 210.

Il n'est pas rare dans toutes les provinces trans-caucasiennes.

245. O. MERIDIONALIS, Dejean.

FALD. Fauna transc. III. p. 80.
Harpalus id. DEJ. Spec. IV. p. 210.
Rare en Géorgie.

246. O. PUMILIO, Dejean.

Harpalus id. DEJ. Spec. IV. p. 212.
Egalement rare avec le précédent.

247. O. CORDATUS, Duftschmidt.

FALD. Fauna transc. III. p. 80.
Harpalus id. DEJ. Spec. IV. p. 214.
Dans toutes les provinces transcaucasiennes (Avril-
Juin).

248. O. SUBCORDATUS, Dejean.

FALD. Fauna transc. III. p. 80.
Harpalus id. DEJ. Spec. IV. p. 215.
Avec le précédent.

249. O. PUNCTICOLLIS, Paykull.

FALD. Fauna transc. III. p. 80.
Harpalus id. DEJ. Spec. IV. p. 216.
En Géorgie sous les pierres.

250. O. BREVICOLLIS, Dejean.

Harpalus id. DEJ. Spec. IV. p. 218.
Avec le précédent.

251. O. MACULICORNIS, Megerle.

Harpalus id. DEJ. Spec. IV, p. 221.
Environs de Lenkoran.

252. O. HIRSUTULUS, Stéven.

Harpalus id. DEJ. Spec. IV. p. 226.
Un exemplaire des environs de Lenkoran (Avril).

253. O. PLANICOLLIS, Sanvitale.

Harpalus id. DEJ. Spec. IV. p, 227..
Environs de Lenkoran (Avril).

254. O. SUTURALIS.
Long. 3 lignes.

Diffère du précédent par la taille constamment
beaucoup plus petite, les antennes plus courtes, les
angles postérieurs du corselet moins arrondis, presque
droits, quoique arrondis au sommet; la partie antérieure plus fortement ponctuée; les élytres encore
plus planes, plus courtes et plus étroites; l'extrêmité
moins sinuée, le dessus moins pubescent; la suture
constamment, mais très-étroitement rougeâtre.

Je l'ai pris près de Gori, en Géorgie, et je l'ai
reçu des environs de Lenkoran.

255. O. MENDAX, Rossi.

Harpalus id. DEJ. Spec. IV. p. 229.
Très-commun près de Lenkoran, au printemps.

256. Harpalus hospes, Creutzer.

Dej. Spec. IV. p. 243.

Très-commun dans toutes les provinces trans-caucasiennes (Avril-Juin). Presque tous més exemplaires sont grands, d'un noir plus ou moins bleuâtre; quelques uns ont les pattes rouges; dans d'autres les antennes sont aussi de cette couleur; les élytres des femelles sont très-opaques.

257. H. circumpunctatus.

Long. 5 lignes.

Très-voisin du précédent. Yeux moins saillants; antennes annelées de noir, à l'exception du 1er article. Corselet plus court, moins ponctué à la base; angles postérieurs plus arrondis. Elytres glabres, brillantes dans les deux sexes; milieu jusqu'à la base lisse; ponctuation des côtés et de l'extrêmité plus serrée dans la femelle; sinuées distinctement, mais non échancrées à l'extrêmité, sans dent à l'angle extérieur, comme celle que l'on voit dans les femelles du précédent. La taille est moindre.

On le trouve aux environs de Lenkoran (Avril-Mai).

258. H. subsimilis.

Long. $5\frac{1}{2}$ lignes.

Plus petit et plus étroit que le hospes, glabre;

antennes légèrement rembrunies au milieu des dix derniers articles; corselet plus étroit, plus resserré vers la base, celle-ci presque lisse, avec les fossettes seules distinctement pointillées; élytres plus étroites, également luisantes dans les deux sexes; ponctuation comme dans le précédent; extrémité, dans le mâle, sinuée comme dans le hospes, mais sans dent extérieure; dans la femelle, échancrée, avec la dent extérieure plus arrondie au sommet.

Il vient également des environs de Lenkoran.

259. H. DISPAR.

DEJ. Spec. IV. p. 267.

Des mêmes localités que le précédent.

260. H. ÆNEUS, Fabricius.

DEJ. Spec. IV. p. 269.

FALD. Fauna transc. III. p. 81.

Commun au Caucase et dans les provinces transcaucasiennes.

261. H. ÆNEIPENNIS.

Omaseus æneipennis, FALD. Fauna transc. IV. p. 54.

C'est par erreur que Faldermann a placé cette espèce dans les Féroniens; elle est voisine du H.

distinguendus, avec lequel nous allons la comparer.

Tête plus large; yeux moins saillants; côtés du corselet plus arrondis antérieurement, nullement sinués vers la base; celle-ci un peu plus étroite; angles postérieurs un peu obtus, et assez arrondis au sommet; ponctuation de la base moins sensible; dessus un peu plus convexe. Elytres plus larges, et bien plus ovales; côtés bien plus arrondis, surtout près de l'angle huméral qui est légèrement denté; extrêmité fortement sinuée et tronquée obliquement dans les mâles, échancrée et presque dentée en dehors dans les femelles (comme dans l'æneus), assez convexes, profondément striées; stries lisses; intervalles convexes; un point sur le 3e, placé comme dans le distinguendus (je n'ai trouvé les 3 points enfoncés de la description de Faldermann, ni dans l'exemplaire qu'il a décrit et que je possède, ni dans aucun des miens).

D'un vert-cuivreux métallique en dessus, quelquefois bronzé; noir en dessous; palpes ferrugineux; antennes quelquefois ferrugineuses, et quelquefois rembrunies à la base des 3 articles qui suivent le premier; pattes d'un brun-noirâtre, avec les tarses antérieurs ferrugineux; quelquefois les jambes sont de la même couleur, avec l'extrêmité plus obscure.

Je l'ai trouvé dans les montagnes de l'Imérétie (Radscha), et dans celles des environs d'Abbastouman.

262. H. DISTINGUENDUS, Duftschmidt.

DEJ. Spec. IV. p. 274.

FALD. Fauna transc. III. p. 82.

Il habite le Caucase et les provinces transcaucasiennes.

263. H. SUBTRUNCATUS.

Long. $5\frac{1}{2}$ lignes.

Il est très-voisin du cupreus DEJ., dont je le
crois cependant distinct; il est constamment plus
petit et moins large. La tête est lisse et nullement
ponctuée; le corselet moins arrondi sur les côtés,
surtout vers la base; les élytres plus parallèles et
presque tronquées à l'extrêmité; les pattes rouges.

J'en ai reçu quelques individus des deux sexes,
des environs de Lenkoran (Avril).

264. H. CUPREUS.

DEJ. Spec. IV. p. 281.

H. fastuosus, FALD. Fauna transc. III. p. 81.

H. euchlorus, MÉNÉTRIÉS, Catal. d'ins. rec.
entre Const. et le Balkhan. St. P. 1838. p. 14.

Cette espèce ne paraît pas être rare dans le midi
des provinces transcaucasiennes; tous les exemplaires
que je possède ont les pattes rouges.

265. H. QÙADRATUS.

Long. 5½ lignes

Plus grand que le distinguendus; tête moins rétrécie à la base; corselet plus large et moins long, nullement rétréci postérieurement; côtés plus arrondis, nullement sinués vers la base; angles postérieurs droits, mais très-arrondis au sommet, quoique moins que dans l'hospes; dessus plus convexe; base entièrement pointillee; fossettes moins marquées, plus larges. Elytres plus larges, assez fortement sinuées et presque tronquées à l'extrêmité (comme dans le dispar), plus planes au milieu, mais plus en pente vers l'extrêmité et vers les bords latéraux: stries plus marquées et parfaitement lisses; intervalles très-planes; rebord inférieur rougeâtre; pattes entièrement noirâtres, avec les épines seules rougeâtres. Le corselet est plus distant de la base des élytres.

Cette espèce bien distincte est également originaire des environs de Lenkoran.

Le Baron de Gotsch l'a retrouvée communément en Arménie (Juillet).

266. H. SERIATUS.

H. virescens, FALD. Fauna transc. I. p. 89.

Je l'ai reçu des environs de Lenkoran; le Dr. Wiedemann l'a aussi rapporté de l'Asie mineure; j'ai

dû changer le nom imposé par Faldermann, parce-
qu'il existait déjà une espèce de ce nom.

267. H. HONESTUS, Andersch.

DEJ. Spec. IV. p. 299.

FALD. Fauna transc. III. p. 82.

Les diverses variétés de couleur de cette espèce
se rencontrent au Caucase et dans les pays transcaucasiens.

268. H. CONSENTANEUS.

DEJ. Spec. IV. p. 302.

FALD. Fauna transc. III. p. 82.

Egalement répandu dans la plupart des provinces
transcaucasiennes.

269. H. ARMENIACUS.

Long. $3\frac{1}{2}$ lignes.

Plus petit que le distinguendus; corselet un
peu moins large et plus convexe, nullement sinué
vers la base et point rétréci postérieurement; angles
postérieurs droits, légèrement arrondis au sommet; de
chaque côté de la base une strie courte, bien marquée,
entourée de rugosités peu sensibles, lisse d'ailleurs;
élytres un peu plus convexes, moins sinuées à
l'extrêmité; stries lisses.

Antennes, palpes, rebords latéraux du corselet, origine des jambes et tarses d'un ferrugineux assez obscur, tout le reste d'un brun-noirâtre.

On ne saurait le confondre ni avec le H. pumilio, auprès duquel il vient se placer, et dont il diffère par sa forme plus étroite et plus allongée, et sa convexité, ni avec les espèces voisines décrites dans le Species.

Province d'Arménie (Juillet).

270. H. PERPLEXUS, Gyllenhal.

DEJ. Spec. IV. p. 314.

FALD. Fauna, transc. III. p. 82.

Je l'ai trouvé dans les montagnes du Caucase, et je l'ai reçu d'Arménie.

271. H. FUGAX.

FALD. Fauna transc. I. p. 91.

H. saxicola? DEJ. Spec. IV. p. 316.

On le trouve assez communément dans le midi des provinces transcaucasiennes.

272. H. FEMORALIS.

Long. $4\frac{1}{2}$ lignes.

Il se rapproche un peu par la forme du H. calceatus, mais il est beaucoup plus petit et un peu plus étroit. Les fossettes entre les yeux sont plus larges, et moins brusquement enfoncées. Le corselet est un peu moins court et plus étroit, surtout vers la base; côtés un peu plus arrondis au milieu, nullement sinués vers les angles postérieurs; ceux-ci un peu arrondis au sommet; ceux antérieurs plus avancés, très-arrondis au sommet; dessus plus lisse, moins convexe, nullement déprimé autour des fossettes de la base, qui ne sont presque indiquées que par quelques points plus gros que ceux qui les entourent; côtés et milieu de la base lisses; bords latéraux déprimés comme dans le calceatus, mais moins sensiblement. Les élytres plus étroites, lisses, striées et ponctuées de même, avec un point à l'extrêmité du 8e intervalle, et quelquefois quelques points à l'extrêmité du 5e; sinuosité de l'extrêmité plus marquée.

Noir en dessus, avec un reflet bleuâtre sur les élytres; dessous d'un brun-noirâtre quelquefois un peu rougeâtre; bords de la lèvre, base des mandibules, antennes, palpes, jambes et tarses plus ou moins ferrugineux.

Environs de Lenkoran (Avril).

273. H. calceatus, Creutzer.

Dej. Spec. IV. p. 320.

FALD. Fauna transc. III. p. 83.

Caucase et pays transcaucasiens (Tiflis et Lenkoran).

274. H. RUFICORNIS, Fabricius.

DEJ. Spec. IV. p. 249.

FALD. Fauna transc. III. p. 81.

Pays transcaucasiens.

275. H. CRIBRIPENNIS, mihi.

Bulletin de Moscou, 1842. p. 830.

H. griseus, var?

On le trouve au Caucase et dans les pays trans-caucasiens.

276. H. QUADRIPUNCTATUS.

DEJ. Spec. IV. p. 326.

Montagnes du Caucase central et d'Abbastouman (Juin).

277. H. LIMBATUS, Duftschmidt.

DEJ. Spec. p. 327.

FALD. Fauna transc. III. p. 83.

Commun dans les montagnes du Caucase.

278. H. MAXILLOSUS, Stéven.

DEJ. Spec. IV. p. 329.

Trouvé en Imérétie (Radscha).

279. H. luteicornis, Duftschmidt.

Dej. Spec. IV. p. 329.

H. sulcatulus, Fald. Fauna transc. I. p. 92.
Commun dans les montagnes du Caucase.

280. H. rubripes, Creutzer.

Dej. Spec. IV. p. 339.
Fald. Fauna transc. III. p. 83.
H. nobilitatus, Fald. Fauna transc. I. 86.
Commun au Caucase et dans les provinces trans-
caucasiennes.

281. H. zabroides.

Dej. Spec. IV. p. 343.
Fald. Fauna transc. III. p. 84.
Je l'ai reçu des environs de Lenkoran, et je l'ai
pris moi-même aux environs d'Akhaltzik (Avril-
Juin). Le Baron de Gotsch me l'a aussi envoyé
d'Arménie (Juillet).

282. H. semiviolaceus, Brongniard.

Dej. Spec. IV. p. 346.
Fald. Fauna transc. III. p. 84.
Très-commun dans les provinces transcaucasiennes
et dans les montagnes de l'Imérétie et d'Abbastouman
(Avril-Juin).

283. H. TENEBROSUS.

Dej. Spec. IV. p. 358.

Fald. Fauna transc. III. p. 84.

Je l'ai reçu d'Arménie, où le Baron de Gotsch l'a rencontré en Juillet.

284. H. MELANCHOLICUS.

Dej. Spec. IV. p. 359.

J'ai trouvé cette espèce une seule fois dans les montagnes centrales du Caucase.

285. H. TARDUS, Duftschmidt.

Dej. Spec. IV. p. 363.

H. amaroides, Fald. Fauna transc. I. p. 97.

Je l'ai reçu des environs de Lenkoran.

286. H. FLAVICORNIS.

Dej. Spec. IV. p. 366.

Fald. Fauna transc. III. p. 85.

Je l'ai reçu en assez grande quantité du midi des provinces transcaucasiennes (Avril-Mai).

287. H. SERRIPES, Duftschmidt.

Dej. Spec. IV. p. 371.

Fald. Fauna transc. III. p. 85.

Il habite les provinces transcaucasiennes de Rédoute-Kalé à Lenkoran.

288. H. TACITURNUS.

DEJ. Spec. IV. p. 373.

L'insecte que je rapporte à cette espèce, varie un peu pour la largeur du corselet qui dépasse quelquefois celle de la base des élytres. Je l'ai trouvé dans les montagnes du Caucase.

289. H. SUBVIRENS.

Long. 4 — $4\frac{1}{2}$ lignes.

Voisin des H. melancholicus et fuscipalpis.

Tête moyenne, carrée, non rétrécie postérieurement, lisse; front légèrement canaliculé des deux côtés, avec un gros point imprimé près du bord interne postérieur des yeux; ceux-ci un peu saillants. Corselet beaucoup plus large que la tête, un peu transversal, assez court, un peu rétréci antérieurement; bord antérieur un peu échancré; angles antérieurs peu avancés, arrondis; côtés un peu arrondis antérieurement, presque parallèles depuis le milieu; angles postérieurs droits, légèrement arrondis au sommet; base tronquée carrément; dessus assez plane, un peu incliné vers les angles antérieurs; bords latéraux déprimés, surtout vers les angles postérieurs, mais d'une manière peu sensible; impressions transversales peu marquées; ligne du milieu finement, mais distinctement imprimée; de chaque côté de la base une petite ligne imprimée, courte, ponctuée; le reste lisse, un peu opaque. Elytres un peu plus larges que le corselet, peu allongées; base appuyée à celle du corselet, de la même largeur; côtés s'élargissant un peu derrière l'angle huméral, puis assez parallèles; extrêmité sinuée assez obliquement, et assez distinctement; milieu peu convexe; stries fines, pointillées; intervalles très-planes; sur le 3e, un point enfoncé placé postérieurement; la série marginale largement interrompue au milieu. Cuisses de la femelle un peu renflées.

D'un noir légèrement verdâtre en dessus; noir en dessous; peu brillant; plus opaque et comme soyeux dans la femelle; antennes noires; 1er article ferrugineux; 2e de la même couleur à la base; palpes variés de brun et de rouge; pattes noires, avec la base des jambes plus ou moins rougeâtre.

Environs de Lenkoran.

290. H. FUSCIPALPIS, Ziegler.

Dej. Spec. IV. p. 373.

Fald. Fauna transc. III. p. 85.

Du midi de la Géorgie.

291. H. anxius, Duftschmidt.

Dej. Spec. IV. p. 375.

Provinces transcaucasiennes (Tiflis, Elisabethpol. Lenkoran).

292. H. picipennis, Megerle.

Dej. Spec. IV. p. 379.
Fald. Fauna transc. III. p. 85.
Un exemplaire pris à Tiflis.

293. H. breviusculus.

Long. $3\frac{1}{2}$—$3\frac{3}{4}$ lignes.

Plus grand que le précédent auquel il ressemble. Un peu plus allongé. Tête un peu plus étroite; yeux plus proéminents. Corselet non rétréci antérieurement, non échancré au bord antérieur; angles antérieurs nullement avancés, très-arrondis; côtés moins arrondis; angles postérieurs moins arrondis, un peu plus marqués; dessus plus convexe; ligne du milieu moins marquée; fossettes de la base arrondies. Elytres un peu plus longues, excédant davantage la largeur du corselet, plus en ovale, plus distantes de la base du corselet, moins en pente vers l'extrémité; intervalles des stries plus planes. Antennes plus allongées, atteignant la base des élytres.

Rebord inférieur des élytres rougeâtre; base des

jambes plus claires; jambes plus épineuses. La femelle est aussi brillante que le mâle, et pas opaque comme celle du picipennis.

On ne saurait confondre cette espèce avec le brachypus, qui est plus grand et plus allongé. Elle provient de la collection de M. de Stéven, où elle était notée comme venant d'Arménie, et m'a été donnée par M. Schirmer.

294. H. BRACHYPUS, Stéven.

DEJ. Spec. IV. p. 381.

Trouvé en Arménie par le Baron de Gotsch (Juillet).

Je crois que cette espèce serait plus convenablement placée près du Pangus (Selenophorus) scaritides, ZIEGLER. Je n'ai pas trouvé de dent dans l'échancrure du menton, et les tarses antérieurs sont dilatés comme dans les Selenophorus.

295. STENOLOPHUS ABDOMINALIS.

GÉNÉ, de quibusdam insectis Sardiniae novis, etc.
S. persicus, DEJ. Bulletin de Moscou, 1844. p. 432.

Commun dans les provinces transcaucasiennes (Juin). Cette espèce se trouve aussi en Crimée près de Sevastopol.

296. S. discophorus, Fischer.

Dej. Spec. IV. p. 409.

Fald. Fauna transc. III. p. 86.

Commun aux environs de Lenkoran (Avril).

297. S. proximus.

Dej. Spec. IV. p. 420.

J'ai trouvé un exemplaire de cette espèce aux environs de Tiflis (Juin).

298. S. vespertinus, Illiger.

Dej. Spec. IV. p. 421.

Fald. Fauna transc. III. p. 86.

Commun à Rédoute-Kalé dans les marais (Avril-Juin).

299. S. marginatus.

Dej. Spec. IV. p. 427.

Je l'ai trouvé sous des débris de végétaux, sur les bords du Khopi, à Rédoute-Kalé.

300. Acupalpus discicollis?

Dej. Spec. IV. p. 436.

Ce n'est qu'avec doute que je rapporte l'insecte que j'ai sous les yeux au discicollis du Comte Dejean, mes exemplaires sont plus petits, car ils ont à peine deux lignes de long; d'ailleurs la description du Species leur convient assez; mais si la supposition de M. Erichson, qui croit que l'A. discicollis ne diffère pas même spécifiquement du H. pubescens*), est fondée, mon espèce est positivement différente et nouvelle.

301. A. ephippium.

Dej. Spec. IV. p. 445.

Tiflis, Lenkoran

302. A. dorsalis, Fabricius.

Dej. Spec. IV. p. 446.

Fald. Fauna transc. III. p. 87.

Lenkoran.

303. A. meridianus, Linné.

Dej. Spec. IV. p. 451.

Lenkoran.

304. A. luridus.

Dej. Spec. IV. p. 454.

Lenkoran, Tiflis, Rédoute-Kalé.

305. A. caucasicus.

A. collaris? Fald. Fauna transc. I. p. 87.

---

*) Die Käfer der Mark Brandenburg. I. p. 64.

Très-voisin du collaris, un peu plus petit et plus étroit; corselet un peu moins court, moins large et moins arrondi aux côtés et aux angles postérieurs; impressions transversales plus marquées; élytres moins amples, moins convexes; intervalles des stries plus relevés. Dessus d'un rouge-ferrugineux obscur, presque brun sur le milieu des élytres; base des antennes, palpes et pattes ferrugineux; le reste d'un brun-noirâtre.

Cette espèce habite les sommets du Caucase.

306. Hispalis metallescens.

A. metallescens, Dej. Spec. IV. p. 482.
Tiflis, Lenkoran et vallées hautes de l'Imérétie

307. H. dilatatus.

Long. $1\frac{2}{3}$ lignes.

Il diffère du précédent par sa forme beaucoup plus large. Tête plus élargie et plus courte; yeux moins distants du corselet. Corselet beaucoup plus large, ce qui le fait paraître plus court, plus arrondi sur les côtés qui forment presque avec la base un arc de cercle un peu aplati dans son milieu; angles antérieurs arrondis, non aigus. Elytres beaucoup plus larges, ce qui les fait paraître moins allongées, plus largement tronquées à l'extrémité, plus planes sur leur milieu, plus distinctement striées, ponctuées et réticulées.

Dessus d'un bronzé plus noir, moins verdâtre; jambes un peu plus foncées.

Possédant les deux sexes du métallescens, j'ai pû me persuader que je n'avais pas sous les yeux une femelle de cette espèce. J'en ai reçu quelques exemplaires de Lenkoran.

308. Trechus micros, Herbst.

Dej. Spec. V. p. 5.

Je l'ai trouvé à Redoute-Kalé, près des bords de la mer, à l'embouchure du Khopi (Juin).

309. T. littoralis, Ziegler.

Dej. Spec. V. p. 7.

J'en ai reçu deux individus des environs de Lenkoran (Avril).

310. T. minutus, Fabricius.

Erichson, Käfer d. Mark Brand. I. p. 121.
T. rubens, Dej. Spec. V. p. 12.
T. politus, Fald. Fauna transc. I. p. 100.
Commun dans toutes les provinces transcauca-siennes.

311. T. obtusus.

Erichson, Käfer d. Mark Brand. I. p; 122.

T. rubens, Dej. Spec. V. p. 12.

Fald. Fauna transc. III. p. 87.

Tiflis, moins commun que le précédent.

312. T. caucasicus.

Long. 2 lignes.

Voisin de l'alpinus, mais plus grand et moins raccourci. Corselet moins rétréci postérieurement ; côtés moins arrondis antérieurement, moins fortement et moins longuement sinués près de la base; angles postérieurs tout-à-fait droits, nullement prolongés en arrière; dessus plus convexe; ligne du milieu et fossettes de la base plus profondes. Elytres moins raccourcies, plus en ovale, moins en rond; épaules moins arrondies, un peu saillantes; stries un peu ponctuées, les extérieures plus distinctes. Antennes plus longues.

Tant en dessus qu'en dessous d'un brun unicolore; antennes, bouche, palpes et pattes ferrugineux.

Dans un exemplaire, les élytres sont très-polies; les stries lisses, beaucoup moins marquées, les extérieures tout-à-fait effacées; c'est peut-être une espèce distincte.

Je l'ai trouvé dans les montagnes du Caucase, à 8000 pieds environ, sous des pierres.

313. T. maculicornis.

Long. 1½ lignes.

Egalement très-voisin de l'alpinus. Corselet plus court, plus élargi antérieurement, ce qui le fait paraître plus rétréci postérieurement et plus cordiforme; côtés plus arrondis antérieurement, peu sinués vers la base; angles postérieurs un peu obtus, mais nullement arrondis au sommet, ni prolongés en en arrière; fossettes de la base plus profondes. Elytres arrondies, quoique un peu moins larges, un peu planes; les 3 premières stries entières.

D'un ferrugineux-obscur; bouche, palpes et pattes plus clairs; antennes de même, avec les 2e, 3e et 4e articles ceints de noir.

Montagnes du Caucase.

314. T. nivicola.

Long. 1⅛ lignes.

Difficile à distinguer du précédent au premier abord. Corselet plus longuement sinué vers la base, angles droits. Elytres un peu plus étroites, moins arrondies sur les côtés; épaules moins effacées; base tronquée presque carrément.

Couleur plus claire; tête et corselet presque ferrugineux; antennes sans taches.

Avec le précédent, dont il est bien distinct.

315. T. SUBCORDATUS.

Long. 1⅛ lignes.

Très-voisin du nivicola, mais beaucoup plus petit. Yeux moins proéminents. Corselet moins cordiforme, moins rétréci postérieurement; côtés peu arrondis, légèrement sinués vers la base; angles postérieurs droits. Elytres un peu plus étroites, ovalaires. Couleur plus foncée.

Montagnes du Caucase.

Toutes ces espèces se rapprochent beaucoup de celles que le Comte Dejean a décrites sous les noms d'alpinus, croaticus, rotundatus, limacodes. En lisant attentivement mes descriptions, j'espère qu'on saisira les différences qui existent entre ces espèces et les miennes, quoique je ne saurais dissimuler que toutes pourraient bien en définitive n'être que des variétés d'un même type, question que je n'ose décider, ne possédant que peu d'exemplaires de chacune.

316. BEMBIDIUM (Blemus) AREOLATUM, Creutzer.

DEJ. Spec. V. p. 37.

Sous les cailloux des bords de la Koura.

317. B. (Tachys) scutellare.

Dej. Spec. V. p. 39.

Bords de la mer d'Azow (Mai), sous les herbes rejetées par la mer.

318. B. bistriatum, Megerle.

Dej. Spec. V. p. 42.

Commun par toutes les provinces transcaucasiennes.

319. B. gregarium.

Long. 1 ligne.

Très-voisin du précédent. Impressions du front entre les yeux moins marquées; articles intermédiaires des antennes moins allongés, plus ovales. Corselet plus étroit, plus rétréci postérieurement; côtés plus longuement et plus distinctement sinués près des angles postérieurs; ceux-ci moins obtus, un peu saillants. Elytres plus étroites, plus parallèles.

Couleur constamment pâle; tête, antennes (excepté les premiers articles) et abdomen plus obscurs.

Cette espèce est extrêmement commune sous les herbes rejetées par les eaux du Khopi, près de Rédoute-Kalé.

320. B. brevicorne.

Long. $\frac{3}{5}$ ligne.

Voisin du précédent, mais beaucoup plus petit.

13

Yeux petits, à peine saillants. Antennes beaucoup plus courtes; les 2 premiers articles comme ceux du bistriatum, les 3e—10e très-courts, presque sphériques, augmentant successivement un peu de grosseur vers l'extrêmité, le dernier court, un peu en pointe. Corselet nullement sinué sur les côtés près des angles postérieurs, ceux-ci un peu obtus. Elytres unistriées, strie suturale seule visible, les autres entièrement effacées; crochet recourbé plus arrondi.

Couleur comme dans le précédent, quelquefois foncée; antennes entièrement pâles.

J'en ai trouvé quelques individus dans les mêmes localités que le précédent.

321. B. GRANDICOLLE.

Long. $1\frac{2}{5}$ lignes

Tête comme dans le B. nanum. Corselet beaucoup plus large que la tête, moins long que large, un peu transversal, non rétréci postérieurement; bord antérieur peu échancré; angles antérieurs arrondis au sommet; côtés assez arrondis, un peu sinués près des angles postérieurs; ceux-ci droits, aigus, nullement saillants; base coupée carrément; dessus assez convexe, très-lisse; impressions transversales bien marquées; ligne du milieu effacée aux deux bouts, bien marquée au milieu; fossettes latérales de la base assez profondes, arrondies; milieu de la base légèrement ponctué. Elytres un peu plus larges que le corselet, deux fois et demie plus longues, ovales; base tronquée carrément, égale en largeur à celle du corselet; extrêmité arrondie, non sinuée; dessus peu convexe; strie suturale entière, recourbée en long crochet à l'extrêmité, terminé par un point enfoncé, placé en dedans, les 2e — 6e légèrement ponctuées, successivement plus courtes et moins marquées, les suivantes manquent jusqu'à celle du bord extérieur; intervalles planes; sur le 3e, deux points enfoncés.

Dessus d'un vert-bronzé, un peu brunâtre sur les élytres, avec l'extrêmité de la suture et le bord postérieur transparents, rougeâtres. Palpes et antennes d'un brun-noirâtre, celles-ci plus claires vers la base; parties de la bouche jaunâtres; trochanters et pattes d'un brun un peu ferrugineux; jambes et tarses plus clairs.

J'en ai reçu un certain nombre d'individus des environs de Lenkoran (Avril).

322. B. NANUM, Gyllenhal.

DEJ. Spec. V. p. 51.

Commun sous les écorces des pins, dans les montagnes du Caucase.

323. B. quadrisignatum, Creutzer.

Dej. Spec. V. p. 54.

Fald. Fauna transc. III. p. 88.

Sous les cailloux, au bord des rivières, en Géorgie; (Juin) assez commun.

324. B. diabrachys.

Kolenati, Melet. ent. fasc. 1. p. 72.

Tachys decemstriatus? Megerle.

On le trouve dans les mêmes endroits que le précédent, dont je le crois cependant distinct; il est constamment plus grand et moins foncé.

325. B. angustatum.

Dej. Spec. V. p. 56.

Midi de la Géorgie.

326. B. hæmorrhoidale.

Dej. Spec. V. p. 58.

Bords de la mer d'Azow, et de la mer Noire à Rédoute-Kalé, sous les herbes rejetées par la mer, et sous les cailloux au bord des rivières.

327. B. globosum.

Long. $\frac{3}{4}$ ligne.

Cette espèce doit être très-voisine du B. globulum,

D**EJ**., mais les élytres plus larges et les stries ponctuées l'en distinguent.

Tête comme dans l'hæmorrhoidale. Corselet beaucoup plus large, transversal, rétréci antérieurement, arrondi aux côtés, non sinué; angles de la base droits, un peu obtus; milieu de celle-ci un peu prolongé en arc de cercle; dessus convexe, très-lisse, ligne du milieu à peine marquée; impression transversale postérieure profonde; une fossette de chaque côté de la base, et deux petits points distincts placés transversalement sur le milieu de l'impression transversale. Elytres beaucoup plus larges que le corselet, un peu plus longues que larges, très-convexes, presque globuleuses; épaules carrées, très-arrondies au sommet; base un peu échancrée; dessus très-lisse; stries distinctement ponctuées, la première profonde, recourbée à l'extrêmité, la 2e effacée vers l'extrêmité, la 3e très-courte, atteignant à peine le milieu, les autres tout-à-fait effacées; pas de points sur le 3e intervalle.

Entièrement d'un rouge un peu ferrugineux sur la tête et le corselet, jaunâtre sur les élytres; articles 4e — 11e des antennes rembrunis.

Bords de la mer à Rédoute-Kalé; Tiflis, sous les feuilles sèches (Avril-Juin).

328. B. (Notaphus) PALLIDIPENNE, Sturm.
D**EJ**. Spec. V. p. 74.

Bords de la mer d'Azow (Mai).

329. B. ORICHALCICUM, Duftschmidt.

DEJ. Spec. V. p. 86.
Bords de la mer à Rédoute-Kalé.

330· B. STRIATUM, Fabricius.

DEJ. Spec. V. p. 93.
FALD. Fauna transc. III. p. 88.
Bords de la mer à Rédoute-Kalé

331. B. RUĠICEPS.

Long. $2\frac{1}{5}$ lignes.

Voisin du nivale, GODET. Tête plus courte, beaucoup plus fortement rugueuse. Corselet plus large, plus court, moins rétréci devant et derrière; bord antérieur plus échancré ; angles antérieurs plus distants des côtés de la tête; côtés beaucoup moins arrondis au milieu, à peine sinués près des angles postérieurs; ceux-ci moins aigus; dessus assez plane, plus fortement ponctué à la base et près du bord antérieur; ligne du milieu plus marquée; rides transversales plus distinctes; bords latéraux plus largement relevés. Elytres plus étroites, plus planes; extrêmité plus arrondie en pointe; stries moins enfoncées, et plus légèrement ponctuées.

Couleur plus brillante; antennes, palpes et pattes entièrement noirs.

Il habite les sommets du Caucase, et les montagnes de l'Arménie.

J'observerai ici que je ne saurais me ranger de l'avis du Comte Dejean, qui ne considère le B. nivale que comme une variété du bipunctatum, ce que M. Heer répète avec tout aussi peu de fondement dans sa faune de la Suisse.

332. B. (Peryphus) FASCIATUM.

Long. $2\frac{3}{4}$ lignes.

Voisin du B. andreæ (rupestris, DEJ. Spec.), dont il diffère au premier abord par les antennes et par les palpes jaunes sans taches. Corselet plus élargi au milieu, plus arrondi et presque anguleux sur le milieu des côtés, plus rétréci et plus resserré à la base; celle-ci arrondie au milieu, sinuée des deux côtés; tous les angles plus aigus; fossettes de la base plus profondes. Elytres tout aussi larges, nullement rétrécies vers la base, parallèles, plus longues, légèrement en pointe; épaules presque droites, mais arrondies au sommet; rebord de la base terminé des deux côtés par une petite dent; assez planes; stries latérales plus distinctes.

Tête et corselet d'un vert-bleuâtre clair et brillant;

élytres jaunâtres, avec une bande transversale, placée un peu au delà du milieu, fort large près de la suture, très-rétrécie et presque effacée vers les côtés; la suture étroite jusqu'à la bande et le bord latéral réfléchi, jusqu'un peu au delà du milieu rembrunis avec un reflet verdâtre; dessous du corps obscur, avec des bandes jaunâtres sur l'abdomen; les pattes et même les trochanters des pattes antérieures jaune-clair.

Je l'ai reçu des environs de Lenkoran. Il ne faut pas le confondre avec le B. hispanicum, dont il est certainement distinct.

333. B. ANDREÆ. Fabricius.

B. rupestre, DEJ. Spec. V. p. 111.
Au bord des rivières du Caucase, sous les cailloux.

334. B. OVIPENNE.

Long. $2\frac{1}{4}$ lignes.

Plus petit que le précédent, dont il diffère par la tête plus courte, le front plus large, le corselet moins arrondi aux côtés, la base plus rétrécie et très-rugueuse, les élytres considérablement plus courtes, ovales, les épaules assez effacées, le dessus plus convexe au milieu, les intervalles des stries très-relevés, les points des stries plus forts, les taches plus petites, peu distinctes, d'un ferrugineux obscur. Palpes et antennes à la base, ainsi que les pattes, de la couleur des taches.

J'en ai trouvé plusieurs exemplaires avec le précédent.

335. B. BASALE.

Long. $2\frac{1}{2}$ lignes.

Il se rapproche du cruciatum. Tête plus courte; front plus large; fossettes latérales plus profondes; yeux très-saillants, hémisphériques. Corselet plus en cœur, plus large, transversal, moins rétréci antérieurement, plus arrondi sur le milieu des côtés, plus sinué vers la base, mais moins que dans le B. andreæ; angles antérieurs plus arrondis; les postérieurs droits, non aigus. Elytres plus larges, un peu plus longues, carrées, parallèles; épaules plus en rectangle; extrêmité plus obtusément arrondie; dessus plane; intervalles un peu plus convexes à la base; stries plus fortement ponctuées. Tête et corselet d'un vert-bleuâtre clair; élytres jaunâtres, avec le rebord inférieur, le bord latéral s'élargissant un peu vers l'extrêmité, une suture très-étroite, et une bande au delà du milieu assez étroite, dont les bords sont indistincts, un peu dilatée vers les bords, arquée de manière que la convexité est tournée vers l'extrêmité, d'un brun–clair un peu bleuâtre. Dessous du corps d'un brun–noirâtre; abdomen un peu plus clair à la base ; palpes testacés, avec l'extrêmité obscure ; antennes rembrunies, excepté les $3\frac{1}{2}$ articles de la base, qui sont aussi testacés; pattes avec tous les trochanters de cette dernière couleur.

Environs de Lenkoran.

336. B. HISPANICUM ?

DEJ. Spec. V. p. 116.

Ce n'est qu'avec doute que je rapporte à cette espèce les exemplaires que je possède, le dessin des élytres ne convenant pas tout-à-fait. J'en ai reçu plusieurs des environs de Lenkoran.

337. B. FEMORATUM, Sturm.

DEJ. Spec. V. p. 116.
FALD. Fauna transc. III. p. 90.
Commun aux environs d'Akhaltzik.

338. B. SAXATILE, Gyllenhal.

DEJ. Spec. V. p. 119.
Rédoute-Kalé, bords de la mer.

339. B. GOTSCHII.

Long. $2\frac{1}{4}$ lignes.

Très-voisin du B. Fellmanni, dont il diffère par

la couleur d'un vert-bleuâtre, par le corselet plus étroit, plus rétréci postérieurement, avec les angles de la base plus aigus et plus saillants, et les impressions transversales plus marquées; les élytres un peu plus courtes, plus étroites à la base, tout-à-fait ovales, plus élargies au milieu.

Lenkoran (Avril).

340. B. COERULEUM.

Dej. Spec. V. p. 133.

Je l'ai pris à Rédoute-Kalé, au bord de la mer.

341. B. CYANEUM.

Long. $2\frac{3}{4}$ — 3 lignes.

Il ressemble beaucoup au précédent; je crois cependant qu'il constitue une espèce distincte; le corselet est plus large, très-peu rétréci postérieurement, plus échancré antérieurement; les élytres plus courtes, un peu plus larges; les épaules et l'extrémité plus arrondies; celle-ci moins en pointe. La couleur est constamment bleue, sans reflet verdâtre; les pattes sont entièrement noires; la base des cuisses seulement est un peu rougeâtre.

On le trouve avec le précédent.

342. B. TIBIALE, Megerle.

Dej. Spec. V. p. 134.

Fald. Fauna transc. III. p. 89.

Je l'ai pris près des rivières du Caucase.

343. B. brunnicorne.

Dej. Spec. V. p. 141.

Caucase.

344. B. rufipes, Gyllenhal.

Dej. Spec. V. p. 141.

Bords des ruisseaux des provinces transcaucasiennes.

345. B. bisignatum, Ménétriés.

Fald. Fauna transc. I. p. 103.

Bords de l'Arigwa, sous les cailloux, à Passananour.

346. B. Nordmanni, mihi.

Bulletin de Moscou, 1844. p. 452.

Très-commun sur les bords de la mer, à Rédoute-
Kalé.

347. B. (Leia) velox.

Erichson, Käfer d. M. Brand. I. p. 134.

Dans les montagnes du Caucase.

348. B. celere, Fabricius.

Erichson, Käfer d. M. Brand. I. p. 135.

Dej. Spec. V. p. 157.

Commun avec le précédent.

349. B. SUBSTRIATUM.

Long. $1\frac{7}{8}$ ligne.

Très-voisin du B. celere; corselet plus petit, moins élargi antérieurement, à peine plus large que la tête, plus rétréci postérieurement; impression transversale de la base moins profonde; ligne du milieu plus marquée; élytres près du double plus larges que le corselet, nullement rétrécies vers la base; angles huméraux plus carrés; côtés plus parallèles; dessus plus plane; stries moins marquées et moins fortement ponctuées; couleur en dessus d'un noir-bronzé brillant; palpes, antennes et pattes entièrement noirs.

Sommets des montagnes du Caucase.

350. B. ARMENIACUM.

Long. $1\frac{2}{3}$ ligne.

Ressemble beaucoup au chalcopterum. Forme moins allongée. Tête plus grande, espace entre les yeux plus large; sillons parallèles, plus marqués. Corselet un peu moins arrondi sur le milieu des côtés, et moins sinué près de la base; angles postérieurs droits, mais moins saillants; dessus moins convexe; impression transversale de la base moins enfoncée au milieu; celle-ci couverte de points enfoncés plus gros. Elytres plus courtes, plus larges, surtout à la base, striées d'ailleurs et ponctuées de même.

Couleur bronzée presque noire; antennes, palpes et pattes entièrement noirs.

Montagnes du Caucase et d'Arménie (Mai-Juillet). Il ne serait pas impossible que ce fût le B. pyrenæum du Comte Dejean, mais ne possédant pas d'individu authentique de ce dernier, j'ai hésité à y réunir mon espèce, à laquelle je ne dissimulerai pas que la description du Species convient jusqu'à un certain point.

351. B. RIVULARE, Sturm.

Dej. Spec. V. p. 163.
Bords de la mer d'Azow.

352. B. ASPERICOLLE, Germar.

B. lepidum, Dej. Spec. V. p. 171.
Bords de la mer d'Azow.

353. B. GUTTULA, Fabricius.

Dej. Spec. V. p. 178.
Provinces transcaucasiennes.

354. B. BIGUTTATUM, Fabricius.

Dej. Spec. V. p. 180.
Elisabethpol.

355. B. vulneratum.

Dej. Spec. V. p. 182.

Lenkoran.

356. B. (Lopha) tetrasemum.

Long. 2 lignes.

Très-voisin du quadriguttatum, avec lequel je l'ai longtemps confondu. Corselet un peu moins arrondi sur les côtés; impression transversale de la base moins profonde. Elytres moins larges à la base, moins parallèles, plus en ovale; épaules moins carrées, plus arrondies; stries plus prolongées, et ponctuées jusque près de la 2e tache.

Couleur du dessus moins noire, plus claire, olivâtre; tache de la base, s'étendant moins vers la suture; celle de l'extrêmité moins arrondie, un peu transversale; toutes deux d'un blanc–jaunâtre moins tranchant. Palpes entièrement d'un blanc–jaunâtre, les 4 premiers articles des antennes de la même couleur, les suivants d'un brun peu foncé, avec la base et l'extrêmité de chacun plus claires; pattes entièrement pâles; l'extrêmité seule du genou est légèrement rembrunie.

Cette espèce n'est pas rare dans les provinces transcaucasiennes, depuis la Mingrélie jusqu'à Lenkoran. Elle court sur la fange, dans les endroits marécageux (Avril–Mai).

357. B. TETRAGRAMMA.

Long. 2 lignes.

Plus grand que le quadrimaculatum. Impressions frontales moins marquées. Corselet un peu plus long; angles postérieurs presque obtus, avec le sommet un peu arrondi; côtés un peu plus longuement, mais moins fortement sinués. Elytres bien plus larges, assez planes, très-brillantes, presque tout-à-fait lisses; rudiments des stries ponctués très-courts, visibles seulement près de la base, à l'exception de la strie suturale qui est entière et lisse; deux points enfoncés et deux taches sur chacune.

D'un noir-bronzé un peu verdâtre ; antennes noires, avec la base des 3ᵉ et 4ᵉ articles ferrugineuse; bouche ferrugineuse, avec le pénultième article des palpes noir; jambes testacées, avec toutes les cuisses et la base des jambes d'un noir-bronzé.

Environs de Lenkoran (Avril). Province d'Arménie (Juillet).

358. B. QUADRIPUSTULATUM, Fabricius.

DEJ. Spec. V. p. 186.

Environs de Tiflis.

359. B. quadrimaculatum, Linné.

Dej. Spec. V. p. 187.

Fald. Fauna transc. III. p. 91.

Commun en Géorgie.

360. B. articulatum, Panzer.

Dej. Spec. V. p. 188.

Géorgie méridionale.

361. B. (Tachypus) picipes, Megerle.

Dej. Spec. V. p. 190.

Fald. Fauna transc. III. p. 91.

Provinces transcaucasiennes.

362 B. pallipes, Megerle.

Dej. Spec. V. p. 191.

Fald. Fauna transc. III. p. 91.

Lenkoran, Géorgie.

363. B. flavipes, Fabricius.

Dej. Spec. IV. p. 192.

Provinces transcaucasiennes.

HYDROCANTHARES.

1. **Cybister Chaudoirii**, Hochhuth.

Obovatus, convexiusculus, nitidus, suprà
olivaceo-virescens; ore, thoracis lateribus
vittâque submarginali elytrorum luteis; cor-
pore, antennis pedibusque testaceis, tibiis
tarsisque obscurioribus.

Long. $16\frac{1}{2}$ lignes.

Cette espèce est tellement voisine du C. Roeselii,
qu'il est probable que Faldermann, Ménétriés et
Stéven les auront confondues; je la crois cependant
distincte, n'ayant trouvé aucun passage entre le
Roeselii de nos contrées et les deux exemplaires

femelles que le Baron de Gotsch a trouvés près de Lenkoran. Le mâle m'est inconnu.

Corselet plus bombé dans son milieu. Elytres plus convexes, moins élargies postérieurement; suture enfoncée; les petites stries des élytres plus enfoncées, plus serrées, atteignant la suture, et s'avançant davantage vers l'extrêmité; la partie postérieure lisse, coupée carrément antérieurement, ne se prolonge pas sur la suture; on n'y voit que les 3 ou 4 derniers des 7 points imprimés qu'on trouve dans la femelle du Roesclii; le bord jaune, quoique interrompu au milieu, atteint l'extrêmité.

2. C. Gotschii, Hochhuth.

Oblongo–ovatus, convexus, posteriùs parum dilatatus, nitidus, suprà nigro–olivaceus, infrà nigro-piceus, anteriùs pallidior; labro, thoracis lateribus, elytrorum margine integro, apice hamato-dilatato luteis, pedibus anterioribus testaceis, tibiis tarsisque obscurioribus, posticis piceo-ferrugineis.

Long. 12 lignes.

Cette espèce est très-voisine du C. africanus, Laporte. Plus petit, plus convexe, bord latéral des élytres plus étroit; le crochet qui le termine en dedans plus aigu; les points enfoncés de la première ligne, allongés et bien marqués; la partie antérieure du dessous du corps plus claire.

Environs de Lenkoran (Avril). Baron de Gotsch.

3. DYTISCUS CIRCUMFLEXUS, Fabricius.

AUBÉ, Spec. gén. d. Hydroc. p. 113.
Environs de Lenkoran.

4. HYDATICUS AUSTRIACUS, Sturm.

AUBÉ, Spec. g. d. Hydroc. p. 215.
Lenkoran (B. de Gotsch).

5. H. GRAMMICUS, Sturm.

AUBÉ, Spec. g. d. Hydroc. p. 202.
H. lineolatus? FALD. Fauna transc. I. p. 112.

L'exemplaire femelle que j'ai sous les yeux, n'a que $4\frac{1}{2}$ lignes de long, quoique conforme d'ailleurs en tout point aux descriptions de STURM et d'AUBÉ. Ce dernier y réunit le H. lineolatus de Faldermann. Mais dans la description de celui-ci, il est dit: »thoracis disco laevis, nonnihil infuscatus, lateribus testaceo-marginatus«, ce qui ne convient pas au grammicus. M. Schirmer possède un exemplaire noté comme le H. virgatus, STÉVEN. Il paraîtrait d'après cela que M. de Stéven n'a pas connu le véritable grammicus.

6. Colymbetes vibicicollis, Hochhuth.

Oblongo-ovatus, subdepressus, suprà testaceus, vertice thoracisque maculâ mediâ transversâ obsoletâ nigris; elytris creberrimè nigro-irroratis; subtus niger, segmentorum marginibus pedibusque ferrugineis, thoracis medio carinulâ longitudinali parùm perspicuâ abbreviatâ instructo.

Long. 5½ lignes.

Nous avons dejà vu que le C. consputus, Sturm avait longtemps été confondu avec le collaris, jusqu'à ce que Kiesenwetter lui ait restitué ses droits dans l'Ent. Zeit. 3e an. p. 88, ainsi M. de Stéven m'avait, il y a quelques années, envoyé cette espèce sous le nom de 6–notatus, Fabr. comme trouvée en Crimée, puis je l'ai retrouvée dans la collection de M. Schirmer, où elle provenait de la même source, et portait le nom de pulverosus Knoch, du Caucase.

Il est incontestablement très-voisin de celui-ci, mais il en diffère par une petite ligne longitudinale, finement élevée au fond d'un léger enfoncement sur le milieu du corselet (cette ligne est constante, quoique quelquefois très-courte), par la tache du milieu, toujours si distincte dans le pulverosus, et ordinairement presque effacée dans mon espèce, enfin par les bords rougeâtres des segments de l'abdomen.

Le consputus offre ordinairement la même ligne sur le corselet, et la superficie est presque exactement la même, mais dans le vibicicollis, le dessous du corps est toujours d'un noir-brillant, et les bordures rougeâtres des segments de l'abdomen sont plus étroits.

Il diffère enfin des C. adspersus (ERICHSON, Käfer d. M. Brand. I. p. 153) et collaris (id. p. 152) par l'absence constante de tache près du bord postérieur du corselet, par la taille plus grande, etc. On ne saurait lè confondre avec d'autres espèces.

Les crochets des tarses antérieurs des mâles sont indifféremment égaux ou inégaux.

Il habite les eaux du Caucase, selon M. de Stéven. mais les exemplaires que j'ai décrits, ont été trouvés par M. de Gotsch aux environs de Lenkoran (Avril).

7. AGABUS BIPUNCTATUS, Fabricius.

AUBÉ, Spec. g. d. Hydroc. p. 328.

Colymbetes id. FALD. Fauna transc. III. p. 92.

J'ai devant moi des exemplaires dont le corselet est sans tache, et un sur les élytres duquel le dessin noirâtre est à peine visible, sans qu'ils diffèrent d'ailleurs par la forme et par la grandeur. L'A. subnebulosus STEPHENS (AUBÉ, Spec. p. 329) paraît devoir se rapporter à cette dernière variété, mais dans ce cas, on ne peut le considérer comme distinct du bipunctatus, car on trouve tous les passages de l'un à l'autre.

Lenkoran.

8. A. BIGUTTATUS, Olivier.

AUBÉ, Spec. g. d. Hydroc. p. 341.
Colymbetes id. FALD. Fauna transc. III. p. 92.
Lenkoran.

9. A. BIPUSTULATUS, Linné.

AUBÉ, Spec. g. d. Hydroc. p. 357.
Colymbetes id. FALD. Fauna transc. III. p. 92.
Lenkoran.

10. A. GLACIALIS, Hochhuth.

Elongato-ovatus, subdepressus, nitidus, nigro-piceus, ore cum palpis, capite antice, thoracis elytro-rumque margine inflexo, segmentorum abdominalium summis marginibus, tibiis tarsisque lætè ferrugineis; thoracis lateribus subrectis; elytrorum punctis majoribus posteriùs irregulariter sparsis, anteriùs in series ternas digestis.

Mas: elytris nitidioribus, obsoletè reticulatis, punctis distinctiùs impressis.

Foemina: elytris opacis, evidentiùs reticulatis, punctis minoribus.

Variat: pedibus anticis totis ferrugineis.

Long. 3 lignes.

Plus allongé et plus plâne que l'A. affinis, Paykull, dont il est facile à distinguer; très-voisin de l'A. adpressus, Mannerheim, dont la description (Aubé, Spec. p. 344) ne convient pas à mon insecte, car il est dit que le corselet est tronqué presque carrément à la base, et assez arrondi sur les côtés; puis la couleur et la sculpture en sont aussi différentes.

D'un brun-foncé un peu bronzé, brillant, excepté sur les élytres des femelles qui sont mattes; partie antérieure de la tête, quelquefois deux taches indéterminées près des yeux, bouche, bords étroits du corselet, des élytres et des segments de l'abdomen, antennes et pattes, à l'exception des cuisses antérieures d'un ferrugineux assez clair, quelquefois même celles-ci sont de la couleur des pattes.

Tête courte, plus large que longue, presque tronquée antérieurement, très-finement pointillée, avec deux enfoncements planes intérieurement, et deux fossettes près des yeux. Corselet deux fois et demie plus large que long, fortement échancré antérieurement; angles antérieurs aigus, très-avancés; base un

peu prolongée en arc de cercle au milieu, et légèrement sinuée vers les côtés; ceux-ci assez obliques,
droits, brièvement et légèrement arrondis près des
angles antérieurs; angles postérieurs droits, très-
légèrement arrondis au sommet; dessus peu convexe,
très-finement, quelquefois indistinctement réticulé; le
long du bord antérieur une rangée plusieurs fois
interompue de gros points enfoncés; côtés finement
rebordés; de chaque côté de la base deux fossettes
transversales, allongées, dont le fond présente une
série de points moins enfoncés dans la femelle que
dans le mâle; l'extérieure projette un rameau le long
des côtés. Ecusson obtus, triangulaire, court, lisse,
plus grand dans la femelle que dans le mâle, quelquefois à peine visible dans celui-ci. Elytres un peu
plus larges antérieurement que la base du corselet,
et au moins quatre fois aussi longues, assez parallèles;
l'extrêmité n'est ni brusquement ni obtusément arrondie;
dessus assez plane; la ligne élevée qui, partant de
l'épaule, longe le bord extérieur, se termine en
bourrelet; la superficie du mâle paraît, à l'aide
d'une loupe, finement réticulée, surtout vers l'extrêmité; dans la femelle, ce réseau est plus distinct;
sur chaque élytre des points enfoncés assez gros, peu
nombreux, plus marqués dans le mâle que dans la
femelle, disposés sur 3 rangées vers la base, et

dispersés sans ordre au delà du milieu, depuis la suture jusqu'au bord extérieur. Dessous du corps lisse; dernier anneau de l'abdomen ridé longitudinalement dans le mâle vers l'extrêmité.

M. de Chaudoir a trouvé cette espèce près du sommet des montagnes d'Abbastouman, à 7000 pieds environ d'élévation, sous les pierres, au bord des ruisseaux qui découlent des amas de neige (Juin).

11. Laccophilus hyalinus, De Géer.

Erichson, Käfer d. M. Brand. I. p. 164.
L. minutus, Aubé, Spec. g. d. Hydroc. p. 417.
Lenkoran.

12. L. variegatus.

Aubé, Spec. g. d. Hydroc. p. 439.
Lenkoran.

13. Noterus crassicornis, Fabricius.

Aubé, Spec. d. Hydroc. p. 165.
Commun aux environs de Lenkoran.

14. Hydroporus cuspidatus.

Sturm, Deutschl. Ins. IX. p. 81.
Aubé? Spec. g. d. Hydroc. p. 477.
Lenkoran.

15. H. LINEELLUS, Gyllenhal.

AUBÉ, Spec. g. d. Hydroc. p. 546.

H. picipes var. fœm. ERICHSON, Käfer d. M.
Brand. I. p. 169.

Lenkoran.

16. H. CONSOBRINUS, Kunze.

AUBÉ, Spec. g. d. Hydroc. p. 547.

H. parallelogrammus, mas, ERICHSON, Käf. d.
M. Brand. p. 169.

Lenkoran.

17. H. PLANUS, Fabricius.

AUBÉ, Spec. g. d. Hydroc. p. 583.

Lenkoran.

18. H. ERYTHROCEPHALUS, Linné.

AUBÉ, Spec. g. d. Hydroc. p. 579.

Lenkoran.

19. H. MELANOCEPHALUS, Gyllenhal.

AUBÉ, Spec. g. d. Hydroc. p. 610.

Lenkoran.

20. H. PUBESCENS, Gyllenhal.

AUBÉ, Spec. g. d. Hydroc. p. 585.

Lenkoran.

21. H. ENNEAGRAMMUS, Ahrens.

STURM, Deutschl. Ins. IX. p. 29.

A. nigrolineatus, STÉVEN, AUBÉ, Spec. g. d. Hydroc. p. 556.

Pris en abondance le soir, à la lueur des flambeaux, à Tiflis (Juin).

22. H. TETRAGRAMMUS, Hochhuth.

Oblongo-ovatus, convexiusculus, testaceus, pectore abdomineque nigris, elytris pallidè testaceis, suturà latâ, lineisque in singulo binis abbreviatis nigris, interiore apice orbiculato-dilatatâ ; thoracis basi utrinque striolâ minutâ, in elytrorum basi productâ, valdè impressâ, striâ suturali integrâ.

Long. $\frac{3}{4}$ ligne.

Ce joli petit insecte est à peu près de la grandeur et tout-à-fait de la forme du H. pygmæus, STURM; il est seulement plus convexe et se rapproche le plus du H. geminus, FABRICIUS. La ponctuation du dessus est la même, et l'on retrouve les mêmes stries à la base du corselet, qui se prolongent sur celle des élytres, quoique moins que dans le geminus.

Vue par devant, la base de la tête et du corselet entre les deux stries, présente une ombre noirâtre. Le dessin des élytres est caractéristique dans cette espèce. Le fond en est d'un jaune-paille; la suture entre les stries de la base, et deux bandes longitudinales qui n'atteignent ni la base ni l'extrêmité, assez larges, bien déterminées, dont l'intérieure, plus longue, se dilate en cercle postérieurement et en dehors, noires. Le reste comme dans le geminus.

Environs de Lenkoran.

23. H. GEMINUS, Fabricius.

AUBÉ, Spec. g. d. Hydroc. p. 491.

H. symbolum, KOLENATI, Melet. ent. p. 86.

OBSERVATION. J'ai sous les yeux deux exemplaires du H. symbolum que M. de Chaudoir a reçu de M. Kolenati lui-même, et qui ne me paraissent nullement différer de tous ceux que je possède de diverses parties de l'Europe. La superficie est également ponctuée, et le dessin des élytres n'est pas tout-à-fait le même dans les deux exemplaires, comme cela arrive dans le geminus.

Environs de Lenkoran.

24. HALIPLUS VARIEGATUS, Sturm.

AUBÉ, Spec. g. d. Hydroc. p. 16.

Lenkóran.

25. H. GUTTATUS, Dahl.

AUBÉ, Spec. g. d. Hydroc. p. 15.

Lenkoran.

26. H. ruficollis, De Géer.

Aubé, Spec. g. d. Hydroc. p. 20.
Lenkoran.

27. Cnemidotus cæsus, Duftschmidt.

Aubé, Spec. g. d. Hydroc. p. 35.
Lenkoran.

28. Gyrinus strigipennis, Suffrian.

Entom. Zeit. 1842. p. 226.
G. striatus, Aubé, Spec. g. d. Hydroc. p. 717.
Fald. Fauna transc. III. p. 93.
Lenkoran.

29. G. mergus, Ahrens.

Erichson, Käfer d. M. Brand. I. p. 191.
G. natator, Aubé, Spec. g. d. Hydroc. p. 664.
Fald. Fauna transc. III. p. 93.
Lenkoran.

30. G. caspius, Ménétriés.

Aubé, Spec. g. d. Hydroc. p. 679.
Fald. Fauna transc. I. p. 114.
Bords de la mer Caspienne.

CARABIQUES NOUVEAUX

DE LA

CRIMÉE.

———

1. Feronia lævissima.

Long. $4\frac{1}{2}$ lignes.

Très-voisine de la F. negligens, mais beaucoup plus grande; antennes plus allongées; côtés du corselet beaucoup plus arrondis, moins longuement sinués près de la base; angles antérieurs plus avancés et plus aigus; de chaque côté de la base deux petites stries, dont l'extérieure, plus courte, est aussi moins marquée que l'intérieure; élytres plus larges; disque plus plane; intervalles plus convexes, plus fortement crénelés des deux côtés, et plus distinctement parsemés de petits points épars; extrémité plus sinuée; couleur d'un brun-noirâtre, extrêmement luisant en dessus; antennes, palpes et pattes d'un ferrugineux un peu obscur.

J'en ai trouvé trois individus parfaitement semblables à Kertch, au bord de la mer, sous les pierres (Mai-Juillet).

2. F. LYRODERA.

Long. 5¼ lignes.

Voisine de la picimana.

Plus petite et un peu plus étroite. Tête plus étroite; sur sa partie postérieure, entre les yeux, des points épars enfoncés. Corselet moins élargi antérieurement, plus étroit à la base, plus en cœur, moins arrondi sur le milieu des côtés; sinuosité près des angles postérieurs plus courte et moins sensible; base coupée plus obliquement des deux côtés; angles postérieurs obtus; ceux antérieurs et bords latéraux plus inclinés; milieu de la base beaucoup plus convexe. Elytres assez allongées, égales à leur base à celle du corselet; rebord de la base ne dépassant que peu les angles postérieurs de celui-là; épaules arrondies; côtés légèrement sinués avant le milieu, un peu dilatés au milieu; extrêmité arrondie, un peu sinuée; stries crénelées; intervalles assez convexes; sur le 3ᵉ un point enfoncé placé à quelque distance de l'extrêmité; la série marginale ordinaire interrompue. Côtés du corselet, de la poitrine et de l'abdomen couverts de points enfoncés, bien marqués, serrés et entremêlés; anus finement pointillé.

Cette espèce, que j'ai trouvée avec la précédente sous les pierres du rivage de la mer, à Kertch, ressemble aussi à la F. graja, mais sa forme plus étroite, et d'autres caractères l'en distinguent suffisamment.

3. Leirus cribricollis.

Long. $5\frac{1}{2}$ lignes.

Il se rapproche du L. convexiusculus. Tête un peu plus étroite, pointillée; base et milieu du front lisses; sillons entre les yeux plus courts, placés plus en avant; yeux plus saillants. Corselet plus large et un peu plus long; angles antérieurs plus arrondis; ceux de la base plus aigus; côtés très-arrondis, plus profondément sinués près de la base; dessus beaucoup plus convexe; bord latéral plus largement déprimé et relevé; la strie intérieure des côtés de la base manque tout-à-fait; la ligne élevée qui borde l'extérieure, plus longue et se dirigeant antérieurement un peu en dehors; la surface entièrement pointillée; ponctuation plus forte et plus serrée à la base et vers les côtés. Elytres guères plus larges que le milieu du corselet; extrêmité presque en pointe obtuse; plus convexes, plus fortement striées; stries très-fortement crénelées. Tout le dessous du corps ponctué, à l'exception du milieu de la poitrine et de la base de l'abdomen qui sont lisses.

Brun-rougeâtre; antennes, palpes et pattes plus clairs.

J'en ai pris quelques exemplaires plus ou moins foncés, sous les pierres, dans les steppes des environs de Kertch (Mai); je l'ai retrouvé à Kertch même, au bord de la mer (Juillet).

4. Selenophorus (Pangus) Stevenii.

Long. $4\frac{1}{2}$ lignes.

Il ressemble beaucoup au S. scaritides, avec lequel je l'avais d'abord confondu. La tête est plus longue; le corselet un peu plus étroit, plus rétréci postérieurement; côtés moins arrondis, surtout derrière le milieu; angles antérieurs moins arrondis, un peu avancés; ceux de la base obtus, moins arrondis; la base l'est au contraire davantage; la fossette de la base moins ronde, oblongue, plus profonde, prolongée jusqu'à la base; les élytres un peu plus étroites, sans être plus longues, et presque parallèles.

Je ne possède qu'une femelle de cette espèce que j'ai trouvée sur les hauteurs calcaires des environs de Baktchésaraï (Mai).

5. Acupalpus cordicollis.

Long. $2\frac{1}{4}$ lignes.

Très-voisin du consputus. Forme plus élargie; antennes plus allongées, plus grêles; corselet plus court, plus large, plus arrondi sur les côtés antérieurement, plus rétréci postérieurement, plus sinué près de la base; angles postérieurs droits, un peu aigus; élytres plus largés.

J'en ai trouvé quelques individus à Inkermann, près de Sévastopol, dans les endroits marécageux; il se tient dans le limon, à la racine des plantes (Mai).

6. Bembidium sulcatulum.

Long. $2\frac{1}{2}$ lignes.

Il est beaucoup plus grand que le B. areolatum, dont il rappelle tant soit peu la forme.

Tête grande, carrée, très-peu rétrécie vers la base, plane, lisse; deux sillons droits, parallèles, assez longs et larges et bien marqués sur le front; yeux fort peu saillants, assez déprimés; mandibules avancées, peu arquées. Antennes plus longues que la moitié du corps. Corselet à peine plus large que la tête avec les yeux, moins long que large, en cœur, échancré antérieurement, avec les angles appuyés aux côtés de la tête; côtés assez arrondis antérieurement, peu sinués près de la base; angles postérieurs droits, un peu obtus, nullement arrondis au sommet; base coupée tout-à-fait droit; dessus peu convexe, un peu incliné vers les angles antérieurs, lisse, avec quelques points épars sur le milieu de la base et du bord antérieur, un sillon longitudinal au milieu et une impression large et profonde de chaque côté de la base; deux impressions transversales peu marquées près de la base et du bord antérieur; bords latéraux finement et également relevés. Elytres un peu plus larges que le corselet, allongées, un peu en ovale, tronquées à la base; épaules et extrêmité de chacune arrondies; dessus plane avec l'extrêmité et les bords latéraux inclinés; stries entières, profondes, surtout sur le milieu, légèrement ponctuées; intervalles lisses, convexes; sur le 3e deux points enfoncés qui en occupent toute la largeur.

Dessus d'un vert-cuivreux; côtés du corselet, bord latéral et suture des élytres étroitement ferrugineux, obscurs ainsi que le dessous du corps; antennes, bouche, palpes et pattes un peu plus clairs.

Ce singulier Bembidium qui ne se place convenablement dans aucune des divisions établies par le Comte Dejean, est assez commun sous les herbes rejetées par la mer, à Kertch, au mois de Mai.

CATALOGUE.

CARABIQUES.

Megacephala. Latr.

euphratica. Oliv.   Khan. de Talyche. Enum. p. 49.
1

Cicindela. Linné.

(pontica. Stév.	Caucase. sept.	Stév. Cat. inéd.
(campestris? Dej.	id.	id. id.
palustris. Motsch.	Wladikawkaz.	B. M. 1840. p. 178.
(maroccana? Fabr.	»	»
(campestris? Mén.	Khan. de Talyche.	Fald. III. p. 40.
desertorum. Bœb.	Transcauc.	Enum. p. 49.
dumetorum. Mén.	Talyche mont.	Fald. I. p. 7.
(monticola. Mén.	Caucase.	id. I. p. 5.
(? hybridæ var. Dej.	id.	Dej. 3 Cat. p. 3.
riparia. Meg.	Cauc. imér.	Enum. p. 49.
trapezicollis. Chaud.	Caucase.	id. p. 50.
talychensis. Chaud.	Talyche.	id. p. 51.
Jægeri. Fisch.	Caucase.	B. M. IV. p. 433.
fracta. Fisch.	id.	Fisch. III. p. 27.

caspia. Mén.	Mer Casp.	Fald. I. p. 3.
persica. Fald.	?	id. I. p. 4.
* ? soluta. Meg.	Talyche mont.	id. III. p. 41.
sylvatica. Fabr,	Caucase.	Motsch. Cat. inéd.
* ? sinuata. Fabr.	?	Fald. III. p. 41.
Sturmii. Mén.	Mer Casp.	id. I. p. 6.
lugdunensis? Dej.	Caucase.	Enum. p. 52.
contorta. Stév.	Mer Casp.	Fald. III. p. 42.
strigata. Dej.	Arménie.	Enum. p. 52.
* dilacerata. Parr.	Abkhasie.	Motsch. Cat. inéd.
(dignoscenda. Chaud.	Lenkoran.	Enum. p. 53.
* (orientalis? Mén.	id.	Fald. III. p. 42.
connexa. Chaud.	id.	Enum. p. 54.
(Fischeri. Adams.	Caucase.	id. p. 54.
* (var? alasanica. Mot.	Transcauc.	B. M. 1839. p. 91.
littoralis. Fabr.	id.	Enum. p. 55.
* flexuosa. Fabr,	Caucase ?	Stév. Cat. inéd.
* Stevenii. Dej.	Kislar.	id. id.
germanica. Fabr.	Transcauc.	Enum. p. 55.
27		

ODACANTHA. Fabr.

melanura. Fabr.	Caucase.	Stév. Cat. inéd.
1		

DRYPTA. Fabr.

emarginata. Fabr.	Transcauc.	Enum. p. 55.
1		

ZUPHIUM. Latr.

(olens. Fabr.	Transcauc.	Enum. p. 55.
* (var. maculâ apic.		
obsol.	Kislar.	Stév. Cat. inéd.
* testaceum. Klug.	id.	Motsch. Cat. inéd.
2		

POLYSTICHUS. Bon.

* fasciolatus. Fabr.	Kislar.	Stév. Cat. inéd.
discoideus. Stév.	Kislowodzk.	Fald. III. p. 43.
2		

CYMINDIS. Latr.

* cruciata. Fisch.	Arménie.	Motsch. Cat. inéd.
Andreæ. Mén.	Mer Casp.	Enum. p. 56.
pallidula. Chaud.	id.	id. p. 56.
* suturalis.-Dej.	Bakou.	Fald. III. p. 43.
* dorsalis. Fisch.	Talyche.	id. III. p. 43.
* marginata. Fisch.	Daghestan.	B. M. I. p. 370.
crenata. Chaud.	Mingrélie.	id. 1844. p. 435.
(lineata. Sch.	Kislar.	Fald. III. p. 43.
(id.	Lenkoran.	Enum. p. 57.
palliata. Stév.	Transcauc.	id. p. 57.
Omiades. Stév.	id.	Fald. I. p. 10.
(axillaris. Duft.	Caucase.	Enum. p. 57.
(id.	Arménie.	id. p. 57.
(id.	Transc. orient.	id. p. 57.
* ovipennis. Motsch.	Arménie.	Motsch. Cat. inéd.
miliaris. Fabr.	Transcauc.	Enum. p. 58.
Faminii. Dej.	Mer Casp.	Fald. III. p. 44

14

DEMETRIAS. Bon.

longicornis. Chaud.	Lenkoran.	Enum. p. 58.
* apicalis. Motsch.	Géorgie.	Motsch. Cat. inéd.

2

DROMIUS. Bon.

linearis. Oliv.	Lenkoran.	Enum. p. 59.
fasciatus. Fabr.	Transcauc.	id. p. 59.
sigma. Rossi.	Kislar.	Stév. Cat. inéd.
glabratus. Duft.	Transcauc.	Enum. p. 60.
maurus? Sturm.	id.	id. p. 60.
plagiatus. Duft.	id.	id. p. 57.
pallipes. Ziegl.	id.	id. p. 61.
spilotus. Ziegl.	id.	id. p. 61.
patruelis. Chaud.	Lenkoran.	id. p. 60.
* paracenthesis. Motsch.	Schirwan.	B. M. 1839. p. 90.
* humeralis. Motsch.	id.	Motsch. Cat. inéd.

11

LEBIA. Latr.

geniculata. Mann.	Transcauc.	Enum. p. 61.

cyanocephala. Fabr.   Transcauc.   Enum. p. 61.
(festiva. Fald.   id.   Fald. I. p. 11.
(cyanea. Stév.   Khoy.   Stév. Cat. inéd.
* chlorocephala. Fabr.   Transcauc.   Fald. III. p. 45.
cyathigera. Rossi.   id.   Enum. p. 62.
(crux-minor. Fabr.   Caucase?   Stév. Cat. inéd.
*(var. transversalis.
         Mén.   Talyche.   Dej. 3e Cat. p. 11.
quadrimaculata. Dej.   id.   mont.   Fald. III. p. 45.
* caucasica. Motsch.   Caucase.   Motsch. Cat. inéd.
8

APRISTUS. Chaud.

subæneus. Chaud.   Mingrélie.   Enum. p. 62 — 63.
1

BRACHINUS. Weber.

nigricornis. Gebler.   Lenkoran.   Enum. p. 67.
crepitans. Fabr.   Transcauc.   id.   p. 64.
efflans. Hoffm.   Akhaltzik.   id.   p. 64.
(græcus. Dej.   Transcauc.   id.   p. 65.
*(brevicollis? Motsch.
         in litt. id.   Motsch. Cat. inéd.
pectoralis. Ziegl.   id.   Enum. p. 65.
(explodens. Duft.   id.   Caucase.   id.   p. 65.
(var. elyt. cost.   id.   id.   p. 65.
* costulatus. Motsch.   id.   Motsch. Cat. inéd.
glabratus. Bon.   id.   Caucase.   Enum. p. 66.
* chalybeus. Motsch.   Daghestan.   Motsch. Cat. inéd.
psophia. Sanv.   Transcauc.   Enum. p. 66.
bombarda. Illiger.   id.   id.   p. 66.
sclopeta. Fabr.   id.   id.   p. 66.
Bayardi. Solier.   Lenkoran.   Fald. III. p. 46.
bipustulatus. Stév.   Tiflis.   Enum. p. 67.
quadripustulatus. Dej.   Talyche. mont.   id.   p. 67.
quadrinotatus. Mén.   Saliane.   Fald. I. p. 12.
Ewersmanni. Mann.   id.   id. III. p. 46.
* caspicus. Godet.   Kislar.   Dej. V. p. 432.
cruciatus. Stév.   Lenk. Caucase.   Enum. p. 67.

thermarum. Stév.
    (Mastax).   Transc. Cauc.   Fisch. III. p. 113.
20

Siagona. Latr.

europæa. Dej.   Bakou.   Fald. III. p. 47.
1

Scarites. Fabr.

* platynotus. Fisch.	Kislar.	Fisch. III. p. 124.
* Acetes. Stév.	Mingrélie.	Stév. Cat. inéd.
eurytus. Fisch.	Cauc., Transcauc.	Fisch. III. p. 119.
* sabuleti. Stév.	Bakou,(feux de gaz).	id. III. p. 121.
* mandibularis. Motsch.	Arménie.	Motsch. Cat. inéd.
* salinus. Pallas.	Lenkoran.	Fisch. III. p. 121.
(arenarius. Bon.	Caucase.	Enum. p. 67.
(lævigatus. Kolenati.	Transcauc.	Kolen. p. 21.
planus. Bon.	Lenkoran.	Enum. p. 68.

8

Clivina. Latr.

(arenaria. Fabr.	Caucase.	Enum. p. 68.
(id.	Transcauc.	id. p. 68.
(id.	Kislar.	Stév. Cat. inéd.
(ypsilon. Godet.	id.	id. id.
(id.	Tiflis.	Enum. p. 68.
(ovipennis. Chaud.	Lenkoran.	id. p. 68.
(var. infuscata.	Mingrélie.	id. p. 69.
* armena. Motsch.	Arménie.	Motsch. Cat. inéd.

4

Dyschirius. Bon.

* nitidus. Dej.	Kislar.	Stév. Cat. inéd.
* punctatus. Dej.	id.	id. id.
* æneus. Ziegl.	Arménie.	Kolen. p. 22.
abbreviatus. Chaud.	Lenkoran.	Enum. p. 69.
(pusillus. Dej.	Tiflis, Kislar.	id. p. 70.
(id.	Kislar.	Stév. Cat. inéd.
dimidiatus. Chaud.	Akhaltzik.	Enum. p. 70.

* ruficollis. Kolen.   Transcauc.   Kolen. p. 23.
gibbus. Fabr.   Caucase.   Stév. Cat. inéd.
8

Morio. Latr.

(colchicus. Chaud.   Transc. occid.   B. M. 1844. p. 437.
(caucasicus. Motsch. id.   id.   1845. p. 12.
1

Ditomus. Bon.

calydonius. Fabr.   Transcauc.   Fald. III. p. 48.
cornutus. Dej.   Daghestan.   id.   III. p. 48.
spinicollis. Chaud.   Transcauc.   Enum. p. 72.
3

Odogenius. Solier.

* fulvipes. Latr.   Beschebarmak.   Fald. III. p. 49.
rufipes? Chaud.   Caucase?   Motsch. Cat. inéd.
(longipennis. Chaud. Tiflis.   Enum. p. 72.
*(angustus? Mén.   Abchéron.   Fald. III. p. 49.
caucasicus. Dej.   Tiflis.   Enum. p. 74.
4

Aristus. Ziegl.

obscurus. Stév.   Transcauc.   Enum. p. 71.
eremita. Stév.   id.   id.   p. 71.
nitidus. Stév.   Bakou.   Fald. III. p. 49.
3

Chilotomus. Chaud.

chalybeus. Fald.   Transc. mérid.   Fald. I. p. 13.
1

Apotomus. Hoffmgg.

testaceus. Dej.   Tiflis. Kislar.   Enum. p. 74.
1

Cychrus. Fabr.

æneus. Stév.   Caucase.   Stév. Cat. inéd.

(signatus. Fald.   Taurus. Arménie. Enum. p. 75.
*(granulatus. Motsch. id.   Motsch. Cat. inéd.
 2

PROCERUS. Meg.

caucasicus. Adams. Caucase.   Enum. p. 75.
* colchicus. Motsch. Taurus, Mingrél. B. M. 1845. p. 17.
 2

PROCRUSTES, Bon.

talychensis. Mén.   Talyche.   Fald. I. p. 15.
Fischeri. Fald.   Caucase, Taurus. Enum. p. 76.
Turkii. Erichs.   Ararat.   Wagner, inéd.
3

CARABUS. Linné.

croaticus. Dej.   Taurus.   Nordmann, inéd.
* dalmatinus? Meg. Caucase?   Fisch. p. 154.
erythromerus. Stév. Mingrélie.??   Fald. Coll.
* ? scabriusculus.   ?   Fald. III. p. 50.
* minutus. Motsch. Géorgie.   Motsch. Cat. inéd.
* collaris. Motsch. Arménie.   id.   id.
(Estreicheri. Besser. Cauc. sept.   Fisch. III. p. 157.
(adoxus. Stév.   id.   id.   Stév. Cat. inéd.
(Motschoulskyi. Kol. Arménie.   Enum. p. 77.
(id.   Tiflis.   Kolen. p. 31.
(Victor. Fisch.   Akhaltzik.   B. M. 1836. p. 350.
Gotschii. Chaud. Arménie.   Enum. p. 77.
Hollbergii. Mann. id.   id.   p. 79.
Bohemanni. Mann. Talyche mont. Fald. I. p. 18.
(sp. n. ibericus. Mén. Elbrouz.   Fald. III. p. 55.
(non Fisch.   (Coll. Acad.)
* (arvensis. Fabr. Caucase.   Motsch. Cat. inéd.
(eremita. Stév.   id.   id.
* decolor. Stév.   id.   Fisch. III. p. 170.
variaus. Stév.   id.   sept. Fald. III. p. 51.
(Eichwaldii. Fisch. Cauc. centr. Enum. p. 79.
(an var. præced?   »   »

(chiragricus. Fisch.	Cauc. sept.	Fisch. III. p. 181.
(Jodes. Stév.	id. id.	Stév. ded. s. h. n.
chrysitis. Motsch.	id. orient.	B. M. 1839 p. 86.
armeniacus. Mann.	id. occ. (Anatolie).	Enum. p. 79.
incatenatus. Mann.	Taurus.	id. p. 79.
Scovitzii. Fald	?	Fald. I. p. 20.
(cumanus. Stév.	Cauc. sept.	id. III. p. 51.
(var. sobrinus. Mén.	id. id.	id. III. p. 52.
granulatus. Linné.	id. id.	id. III. p. 52.
var. Leander. Mén.	id. id.	Dej. 3e Cat. p. 22.
atrocœruleus. Stév.	id. id.	Stév. Cat. inéd.
var. parallelus. Fald.	Perse boréale?	Fald. I. p. 19.
ꞏ sculpturatus. Mén.	Lenkoran.	id. I. p. 16.
ꞏ corticalis. Motsch.	Géorgie.	Motsch. Cat. inéd.
exaratus. Stév.	Caucase.	Enum. p. 80.
(7-carinatus. Motsch.	id.	id. p. 80.
id.	Transcauc.	B. M. 1840. p. 181.
(id.	Ararat.	Wagner, inéd.
* ? Dejeanii. Stév.	Arménie.	Kinderm. dix.
(Roserii. Fald.	Taurus.	Enum. p. 81.
(sphodrinus. Fisch.	id.	B. M. 1844. p. 20.
Stæhlinii. Adams.	Caucase.	Enum. p. 81.
ꞏ ? gemellatus. Mén.	Talyche.	Fald. I. p. 21.
*(aurolimbatus. Mann.	Caucase sept.	Fald. III. p. 53.
*(var. castaneipennis.		
Mén.	id.	id. I. p. 23.
ꞏ Calleyi. Fisch.	Talyche.	Fisch. II. p. 96.
prasinus Mén.	Arménie.	Enum. p. 81.
* thermarum. Motsch.	Akhaltzik.	Motsch. Cat. inéd.
ꞏ chalconotus. Mann.	Taurus.	B. M. 1830. p. 57.
Renardi. Chaud.	id.	Enum. p. 83.
Humboldtii. Fald.	id.	id. p. 85.
Boschniakii. Fald.	id. ?	Fald. I. p. 24.
Stjernwalii. Mann.	id.	B. M. 1830. p. 55.
(cribratus. Bœber.	id.	Enum. p. 86.
id.	Caucase.	Fisch. I. p. 92.
(id.	Ararat.	Wagner, inéd.
(morio. Mann.	Arménie.	Enum. p. 88.
(Tamsii. Mén.	Talyche mont.	Motsch. Cat. inéd.

(mingens. Stév.	Caucase.	Fald. III. p. 54.
(vomax. Sch.	id.	Stév. Cat. inéd.
(bosphoranus. Stév.	id.	Fald. III. p. 54.
(id.	Taman.	Stév. Cat. inéd.
(campestris. Stév.	Caucase.	Fald. III. p. 54.
(Pallasii. Schœnh.	id?	»
*(convexus. Fabr.	id.	Stév. Cat. inéd.
(striolatus. Stév.	id.	»
biseriatus. Chaud.	Cauc. imér.	Enum. p. 87.
ibericus. Stév.	Sourame.	Fisch. II. p. 58.
var? Dammerti. Mann.	Mingrélie.	B. M. 1846. p. 232.
id.	Cauc. centr.	Enum. p. 92.
(non ibericus. Mén.	»	»
Lafertei. Chaud.	Taurus.	id. p. 94.
refulgens. Chaud.	id.	id. p. 95.
Mellyi. Chaud.	Cauc. imér.	id. p. 90.
compressus. Chaud.	id.	id. p. 88.
Kolenatii. Chaud.	Arménie.	id. p. 97.
Puschkinii. Adams.	Cauc. imér.	id. p. 97.
id.	Kazbek.	Kolen. p. 26.
id.	Mt. Sarijal.	id. id.
var. Biebersteinii.	»	»
Mén.	Cauc. imér.	Enum. p. 98.
Stevenii. Mén.	Cauc. sept.	Fald. I. p. 30.
Mussinii. Bœb.	id. id.	Germar; Spec. nov.
planipennis. Chaud.	id. id.	Enum. p. 99.
*(regularis. Stév.	id. id.	Stév. Cat. inéd.
(fors. synon. præced?	»	»
osseticus. Adams.	Cauc. centr.	Enum. p. 100.
(deplanatus. Stév.	id. id.	id. p. 101.
(var. nothus. Adams.	id. id.	Fisch. II. p. 53.
Riedelii. Mén.	Cauc. sept.	Fald. I. p. 28.
Bœberi. Adams.	id. centr.	Enum. p. 101.
Fischeri. Stév.	id. imér.	id. p. 101.
longiceps. Chaud.	id. id.	id. p. 102.
maurus. Adams.	Transcauc.	id. p. 103.
Hochhuthii. Chaud.	Arménie.	id. p. 103.

65

Calosoma. Weber.

(sycophanta. Fabr.	Caucase.	Kolen. p. 34.
(id.	Transcauc.	Enum. p. 105.
(inquisitor. Fabr.	id.	Fald. III. p. 56.
(var. cupreum. Dej.	id.	Kolen. p. 34.
* clathratum. Kolen.	Mt. Sarijal.	id. p. 33.
auropunctatum. Payk.	Transcauc.	Enum. p. 105.
indagator. Fabr.	id.	id. p. 105.
* tectum. Motsch.	id. mérid.	Mot. Ins. Sib. p. 122.
6		

Callisthenes. Fischer.

* breviusculus. Mann.	Taurus.	B. M. 1830. p. 61.
orbiculatus. Motsch.	Arménie.	Enum. p. 104.
araraticus. Erich.?	Ararat.	Wagner, inéd.
3		

Leistus. Frœchlich.

* fulvibarbis. Hoffm.	Abkhasie.'	Stév. Cat. inéd.
fulvus. Chaud.	Lenkoran.	Enum. p. 105.
* (ferrugineus. Fabr.	Caucase.	Stév. Cat. inéd.
(spinilabris. Dej.	»	»
femoralis. Chaud.	Taurus.	Enum. p. 106.
4		

Nebria. Latr.

* parallela. Motsch.	Caucase.	Motsch. Cat. inéd.
picicornis. Fabr.	Piatigorsk.	Fald. III. p. 56.
brevicollis. Fabr.	Cauc. imér.	Enum. p. 107.
Faldermanni. Mén.	Mont. Talyche.	Fald. I. p. 33.
nigerrima. Chaud.	Caucase.	Enum. p. 107.
(Marschallii. Stév.	id.	id. p. 108.
(Bonellii. Adams.	Taurus.	id. p. 108.
(intricata. Stév.	id.	id. p. 109.
(Schlegelmichii.	Caucase.	id. p. 109.
(Fischeri. Fald.	Taurus.	Fald. I. p. 31.
(verticalis? Fisch.	id.	Fisch. III. p. 249.
elongata. Fisch.	Cauc. centr.	Enum. p. 110.

* (rufomarginata. Fisch. Cauc. occid.   Fisch. p. 248.
(an var. præc. ?   »   »
  patruelis. Chaud.   Cauc. imér.   Enum. p. 111.
(Motschoulskyi. Chaud. Daghestan.   id.   p. 112.
(depressa. Motsch.   id.   B. M. 1846 inéd.
  Gotschii. Chaud.   Arménie.   Enum. p. 113.
  caucasica. Mén.   Cauc. sept.   Fald. I. p. 34.
* tenella. Motsch.   Caucase.   Motsch. Cat. inéd.
* longicornis. Motsch.   id.   id.   id.
  16

OMOPHRON. Latr.

(limbatus. Fabr.   Caucase.   Fald. III. p. 57.
(id.   Taurus.   Enum. p. 113.
(id.   Transcauc.   Kolen. p. 35.
  1

ELAPHRUS. Fabr.

  uliginosus. Fabr.   Caucase.   Motsch. Cat. inéd.
(riparius. Fabr.   Arménie.   Enum. p. 114.
(id.   Caucase.   Stév. Cat. inéd.
  2

NOTIOPHILUS. Duméril.

  aquaticus. Fabr.   Caucase.   Enum. p. 114.
* æstuans. Stév.   id.   Stév. Cat. inéd.
  biguttatus. Fabr.   id.   Enum. p. 114.
(rufipes. Chaud.   id.   id.   p. 114.
(fulvipes. Motsch.   id.   B. M. 1845. p. 12.
* quadripunctatus. Dej. id.   Motsch. Cat. inéd.
  5

PANAGÆUS. Latr.

  crux-major. Fabr.   Caucase.   Fald. III. p. 57.
  4-pustulatus. Sturm.   Géorgie.   Enum. p. 115.
  2

CALLISTUS. Bon.

(gratiosus. Mann.   Lenkoran.   Enum. p. 115.
(id.   Elisabethpol.   Kolen. p. 36.
  1

CHLÆNIUS. Bon.

(festivus. Fabr.	Caucase.	Fald. III. p. 58.
(id.	Transcauc.	id.
(spoliatus. Fabr.	id.	Enum. p. 115.
(id.	Caucase.	Fald. III. p. 58.
vestitus. Fabr.	id.	Enum. p. 115.
terminatus. Dej.	id.	Stév. Cat. inéd.
(flavipes. Mén.	Lenkoran.	Fald. I. p. 36.
(id.	Akhaltzik.	Enum. p. 116.
Schrankii. Duft.	Caucase.	id. p. 115.
var. chrysothorax.		
Stév.	Transcauc.	id. p. 115.
nitens. Fald.	id.	Fald. I. p. 37.
melanocornis. Ziegl.	id.	id. III. p. 59.
holosericeus. Fabr.	Caucase.	id. III. p. 59.
pubescens. Mén.	id.	id. I. p. 35.
æneocephalus. Stév.	Transcauc.	Enum. p. 116.
auriceps. Chaud.	id.	id. p. 116.
(cœruleus. Stév.	Caucase,	id. p. 117.
(id.	Taurus.	id. p. 117.
Stevenii. Dej.	Kislar.	Stév. Cat. inéd.
Gotschii. Chaud.	Lenkoran.	Enum. p. 117.

14

EPOMIS. Bon.

(circumscriptus? Duft.	Saliane.	Fald. III. p. 59.
(au Karelinii? Mann.	Astrabat.	B. M. 1844. p. 423.

1

DINODES. Bon.

(rufipes. Bon.	Caucase.	Enum. p. 118.
(azureus. Duft.	Abkhasie.	id. p. 118.
viridis. Mén.	Cauc. sept.	Fald. I. p. 39.
angusticollis. Chaud.	Lenkoran.	Enum. p. 118.
Maillei. Solier.	id.	id. p. 118.

4

OODES. Bon.

(similis. Chaud.	»	B. M. 1837. III. p. 20.
(caspius. Stév.	Kislar.	Stév. Cat. inéd.

1

Licinus. Latr.

cassideus. Fabr.	Cauc. sept.	Fald. III. p. 60.
æquatus. Dej.	Akhaltzik.	Enum. p. 119.
depressus. Payk.	Cauc. sept.	Fald. III. p. 61.

3

Badister. Clair.

(bipustulatus. Fabr.	Transcauc.	Enum. p. 119.
(anchora. Mén.	Caucase.	Fald. I. p. 40.
lacertosus. Knoch.	id.	Stév. Cat. inéd.
peltatus. Panz.	Kislar.	id. id.

3

Pogonus. Ziegler.

iridipennis. Nicolaï.	Caucase.	Stév. Cat. inéd.
luridipennis. Germ.	id.	Motsch. Cat. inéd.
(riparius? Dej.	id.	Stév. Cat. inéd.
(nitens. Stév.	Kislar.	id. id.
orientalis. Dej.	id.	id. id.
* angusticollis. Motsch.	Caucase.	Motsch. Cat. inéd.
punctulatus. Dej.	id.	id. id.
* obsoletus. Stév.	id. (?)	id. id.

7

Patrobus. Meg.

* subparallelus. Motsch.	Géorgie.	Motsch. Cat. inéd.
* (gracilis. Motsch.	Caucase.	id. id.
* (fulvipes? Stév.	id.	id. id.
* affinis. Motsch.	Steppes cauc.	id. id.

3

Dolichus. Bon.

| (flavicornis. Fabr. | Caucase. | Enum. p. 119. |
| (id. | Transcauc. | id.   p. 119. |

1

Pristonychus. Dejean.

| (inæqualis. Panz. | Caucase. | Fald. III. p. 61. |
| (tauricus. Dej. | Transcauc. | Kolen. p. 41. |

cimmerius. Stév.	Arménie.	Enum. p. 119.
pretiosus. Fald.	Taurus.	id. p. 120.
gratus. Fald.	?	Fald. I. p. 42.
* angustatus? Dej.	Mont. Talyche.	id. III. p. 62.
(cyanipennis. Esch.	Arménie.	Enum. p. 121.
*\id. ?	Bakou.	Fald. III. p. 62.
^(id. ?	Colchide.	Stév. Cat. inéd.
caucasicus. Chaud.	Cauc. imér.	Enum. p. 120.
Mannerheimii. Kolen.	Karabagh.	Kolen. p. 40.
caspius. Mén.	Mer Casp.	Enum. p. 121.
(hepaticus. Fald.	Géorgie mér.	id. p. 121
(convexus. Kolen.	Mt. Sarijal.	Kolen. p. 40.
venustus. Clairv.	Abkhasie.	Stév. Cat. inéd.
(insignis. Chaud.	Caucase.	Enum. p. 122.
(id.	Arménie.	id. p. 122.
* quadratus Motsch.	Caucase.	Motsch. Cat. inéd.
* elongatus. Motsch.	id.	id. id.
* campestris. Motsch.	Géorgie.	id. id.
15		

Calathus. Bon.

* giganteus? Parreys.	Arménie.	Motsch. Cat. inéd.
latus. Dej.	Transcauc.	Enum. p. 124.
(cisteloides. Illig.	Caucase.	Fald. III. p. 62.
\planipennis. Germ.	Lenkoran.	id. III. p. 62.
(punctipennis. Fald.	Arménie.	id. III. p. 62.
distinguendus. Chaud.	Lenkoran.	Enum. p. 124.
alternans. Fald.	Taurus.	id. p. 125.
fulvipes. Gyll.	Caucase.	Fald. III. p. 63.
'(grandis. Motsch.	Géorgie.	Motsch. Cat. inéd.
*(reflexicollis? Mén.	?	Fald. III. Supp. p. 1.
marginicollis. Chaud.	Lenkoran.	Enum. p. 125.
dilutus. Chaud.	Transcauc.	id. p. 125.
fuscus. Mén.	Caucase.	Fald. III. p. 62.
caucasicus. Chaud.	id. imér.	Enum. p. 126.
femoralis. Chaud.	Taurus.	id. p. 128.
'(microcephalus. Ziegl.	Talyche.	Fald. III. p. 63.
'(id.	Transcauc.	Kolen. p. 42.
(pellatus. Kolen.	Somkhétie.	id. p. 42.
(id.	Lenkoran.	Enum. p. 126.

ochropterus. Ziegl.	Lenkoran.	Fald. III. p. 64.
(melanocephalus. Fabr.	Caucase.	Enum. p. 126.
(id.	Transcauc.	id. p. 126.
alpinus. Dej.	Caucase.	id. p. 126.
17		

TAPHRIA. Bon.

(vivalis. Illig.	Cauc. imér.	Enum. p. 129.
(id.	Arménie.	id. p. 129.
1		

SPHODRUS. Clair.

(planus. Fabr.	»	»
(var. grossus. Stév.	Cauc. imér.	Stév. Cat. inéd.
(longicollis. Stév.	Elisabethpol.	Enum. p. 129.
(cellarum. Bœb.	Bakou.	Fald. III. p. 64.
2		

CARDIOMERA. Bassi.

elongata. Stév.		
(Platynus. Dej.)	Cauc. centr.	Enum. p. 129.
dubia. Chaud.	id. imér.	id. p. 130.
valida. Chaud.	Taurus.	id. p. 131.
fulvipes. Motsch.	Cauc., Kakhétie.	B. M. 1839. p. 84.
4		

ANCHOMENUS. Bon.

(longiventris. Esch.	Caucase.	Stév. Cat. inéd.
(microthorax. Stév.	id.	id. id.
(angusticollis. Fabr.	Caucase.	id. id.
(id.	Transcauc.	Enum. p. 132.
memnonius Knoch.	Caucase.	Stév. Cat. inéd.
(prasinus. Fabr.	id.	Enum. p. 132.
(id.	Transcauc.	id. p. 132.
oblongus. Fabr.	Caucase.	Stév. Cat. inéd.
collaris. Mén.	Lenkoran.	Fald. I. p. 47.
6		

AGONUM. Bon.

| marginatum. Fabr. | Akhaltzik. | Enum. p. 132. |

sexpunctatum. Fabr.	Caucase.	Fald. III. p. 65.
parumpunctatum. Fabr.	id.	Enum. p. 134.
(modestum. Sturm.	id.	id. p. 132.
\austriacum. Dej.	id.	Dej. 3e Cat. p. 35.
(chrysopraseum. Mén.	Lenkoran.	Enum. p. 133.
rugicolle. Chaud.	Caucase.	id. p. 133.
viduum. Panz.	id.	id. p. 135.
longicorne. Chaud.	Lenkoran.	id. p. 134.
lugens. Ziegl.	Caucase.	Stév. Cat. inéd.
(chalconotum. Mén.	id.	Fald. I. p. 48.
\id.?	Tiflis.	Enum. p. 135.
Menetriesii. Dej.	Lenkoran ?	Fald. III. Supp. p. 2.
picipes. Fabr.	Caucase.	Stév. Cat. inéd.
sp. Bogemanni aff.	id.	id. id.
12		

OLISTHOPUS. Dejean.

rotundatus. Payk.	Caucase	Enum. p. 135.
Sturmii. Duft.	id. orient.	Fald. III. p. 65.
2		

FERONIA Dejean.

obscura. Fald.	?	Fald. I. p. 49.
cuprea. Fabr.	Caucase.	Enum. p. 135.
(erythropus. Stév.	Géorgie.	id. p. 136.
(var. obscura.	Cauc. centr.	id. p. 136.
Gotschii. Chaud.	Lenkoran.	id. p. 136.
(viatica. Bon.	Caucase.	Stév. Cat. inéd.
(id.	Transcauc.	Fald. III. p. 66.
lepida. Fabr.	Caucase.	id. III. p. 66.
stenodera. Chaud.	id. (Kobi.).	Enum. p. 137.
* nitida. Dej.	Géorgie.	Motsch. Cat. inéd.
* crassipes. Fisch.	Caucase.	Fisch. Cat. Coll. Stév.
striatopunctata. Duft.	Saliane (Koura).	Fald. III. p. 66.
puncticollis. Dej.	Caucase.	Stév. Cat. inéd.
crenatostriata. Chaud.	Lenkoran.	Enum. p. 138.
lævicollis. Chaud.	id.	id. p. 139.
* lugubris. Stév.	Kislar.	Dej. III. p. 226.
vernalis. Fabr	Lenkoran.	Enum. p. 139.

* anthrax. Stév.	Lenkoran.	Fisch. Cat. Coll Stev.
* umbrata. Mén.	Caucase.	Fald. I. p. 51.
* picea. Fisch.	id.	Fisch. Cat. Coll. Stév.
* bicolor. Fisch.	id.	id. id.
difficilis. Chaud.	Lenkoran.	Enum. p. 139.
* dilatata. Motsch.	Caucase.	Motsch. Cat. inéd.
quadraticollis. Chaud.	id. centr.	Enum. p. 140.
minor. Dej.	id. id.	Motsch. Cat. inéd.
(nigrita. Fabr.	id. id.	Fald. III. p. 69.
(id.	Lenkoran.	id. III. p. 69.
(confusa. Chaud.	id.	Enum. p. 140.
(id.	Caucase.	id. p. 140.
anthracina. Illig.	id.	Motsch. Cat. inéd.
caucasica. Mén.	id. centr.	Enum. p. 141.
seriepunctata. Chaud.	Taurus.	id. p. 141.
rufimana. Chaud.	Cauc. imér.	id. p. 142.
(arator. Fald.	Taurus.	id. p. 143.
(armeniaca. Mann.	Arménie?	Fald. Coll.
* armena. Fald.	id. mont. (Kolen.)	id. I. p. 53.
* Kazbekiana. Kolen.	Mt. Kazbek.	Kolen. p. 48.
meridionalis. Dej.	Arménie.	Motsch. Cat. inéd.
* crassipes. Mén.	Caucase.	Fald. I. p. 55.
elongata. Meg.	Lenkoran.	Enum. p. 144.
melanaria. Illig.	Caucase.	Fald. III. p. 67.
* pennata? Dej.	Arménie.	Motsch. Cat. inéd.
melas. Creutz.	Caucase.	Fald. III. p. 68.
* tripunctata. Motsch.	id.	Motsch. Cat. inéd.
* hungarica. Dej.	id.	id. id.
* fornicata. Kolen.	id.	Kolen. p. 45.
cardiodera. Chaud.	id. imér.	Enum. p. 143.
* cophosioides. Dahl.	Daghestan.	Motsch. Cat. inéd.
*(caucasica. Motsch.	Caucase.	id. id.
((Steropus).		
(picimana? Creutz.	id. ?	Stév. Cat. inéd.
(mœsta. Stév. (olim).	id. ?	id. id.
(anachoreta. Mén.	id.	Enum. p. 147.
(id.	Taurus.	id. p. 147.
(id.	Lenkoran.	id. p. 147.
(pulchella. Fald.	Caucase.	id. p. 145.
(var. elegantula. Chaud.	Taurus.	B. M. 1844. p. 442.

*(caucasica. Motsch.
((Orthomus). Stepp. cauc. Motsch. Cat. inéd.
* montana. Motsch. Daghestan. id. id.
* rufescens. Motsch. Caucase. id. id.
* dubia. Motsch. id. id. id.
*(torulosa. Motsch.
((Agonodemus). id. id. id.
* ferruginea. Motsch. id. id. id.
* punctiventris. Motsch. id. id. id.
Tamsii? Dej. id. imér. Enum. p. 149.
*(oblongopunctata?Fabr. id. Kolen. p. 49.
an lævicollis? Chaud.
((Bothriopterus). Astrabat. B. M. 1842. p. 824.
(ordinata. Stév.
((Myosodus). Cauc. imér. Enum. p. 147.
(regularis. Stév. id. centr. id. p. 147.
(obscura. Dej. ? Dej. III. p. 348.
* implicita Motsch. Caucase. Motsch. Cat. inéd
* kakhetica. Motsch. Kakhétie. id. id.
* parumpunctata? Dej. Daghestan. id. id.
nivicola. Mén. Cauc. orient. Fald. I. p. 63.
montivaga. Mén. id. (Schadach). id. I. p. 62.
deplanata. Mén. id. id. I. p. 57.
Schœnherri. Fald. Taurus. Enum. p. 148.
(lacunosa. Chaud. Cauc. centr. id. p. 148
(intricata. Motsch. id. B. M. 1845. p. 22.
nigra. Fabr. id. imér. Enum. p. 148.
subcordata. Chaud. Lenkoran. id. p. 148.
(inaperta. Fald. Cauc. imér. id. p. 149.
(id. Taurus. id. p. 149.
(id. Arménie. id. p. 149.
caspia. Mén. Lenkoran. Enum. p. 149.
elata. Fabr. Caucase. Stév. Cat. inéd.
71

CEPHALOTES. Bon.

(vulgaris. Bon.
(var. semistriatus.
(Bess. Transcauc. Enum. p. 150.
1

Stomis. Clairv.

(pumicatus. Panzer.	Caucase.	Enum. p. 150.	
)id.	Transcauc.	id.	p. 150.
)var. ovipennis.	Cauc. imér.	id.	p. 150.
(id.	Arménie.	id.	p. 150.

1

Pelor. Bon.

(blaptoides. Creutz.	Caucase.	Fald. III. p. 71.	
(id.	Mts. Talyche.	id. III. p. 71.	
rugosus. Mén.	id. (Perimbal).	id. I. p. 66.	

2

Eutroctes. Zimm.

aurichalceus. Adams.	Cauc. centr.	Enum. p. 150.	
(congener. Zimm.	id. id.	id.	p. 152.
(heros. Mann.	Taurus.	Fald. I. p. 69.	
oxygonus. Chaud.	id.	Enum. p. 151.	
punctipennis. Chaud.	Arménie.	id.	p. 154.
lævigatus. Chaud.	Cauc. imér.	id.	p. 152.
aureolus. Fald.	Arménie.	id.	p. 150.
lugubris. Fald.	Taurus. ?	Fald. I. p. 73.	
costipennis. Fald.	id. ?	id. I. p. 70.	
chalceus. Fald.	id. ?	id. I. p. 71.	

9

Zabrus. Clairv.

(Trinii. Fisch.	Akhaltzik.	Enum. p. 155.
)id.	Arménie.	id. p. 155.
(id. ?	Beschebarmak.	Fald. III. p. 72.
(caucasicus. Zimm.	Taurus?	Zimm. Mon. Car. p. 55.
(an synonym. præc?	»	»
nitidus. Motsch.	?	Motsch. Cat. inéd.
(ovipennis. Chaud.	Derbent.	B. M. 1844. p. 427.
(pulchellus. Motsch.	id.	Motsch. Cat. inéd.
(gibbosus. Mén.	Lenkoran.	Enum. p. 155.
(var. morio. Mén.	Mer Casp.	Fald. I. p. 68.
(id. rufomarginatus.		
(Mén. id.		id. I. p. 68.

(cognatus. Chaud.   Akhaltzik.   Enum. p. 156.
(id.   Arménie.   id.   p. 156.
(gibbus. Fabr.   Transcauc.   id.   p. 155.
(id.   Caucase.   id.   p. 155.
(elongatus. Mén.   Mer Casp.   Mén. Cat. rais. p. 126.
(vicinus. Mann.   Transcauc.   B. M. 1844. p. 429.
(piger. Fald.   id.   Fald. III. p. 71.
8

PERCOSIA. Zimm.

(patricia? Creutz.   Caucase.   Enum. p. 157.
(id.   Taurus.   id.   p. 157.
1

CELIA. Zimm.

* ingenua. Creutz.   Elisabethpol.   Stév. Cat. inéd.
(modesta. Dej.   Caucase.   Enum. p. 157.
(id.   Lenkoran.   id.   p. 157.
* ? morio. Mén.   Mts. Talyche.   Fald. I. p. 74.
*(fusca. Sturm. Dej.   Caucase.   id.   III. p. 74.
(saxicola. Mén.   id.   id.   III. p. 74.
* rufoænea? Dej.   Mts. Talyche.   id.   III. p. 74.
(erratica. Duft.   Cauc. imér.   Enum. p. 157.
(æruginosa? Kolen.   id.   lesgh.   Kolen. p. 55.
((Amara).   »   »
Quenselii. Schœnh.   Cauc. centr.   Enum. p. 158.
bifrons. Gyll.   id. id.   id.   p. 158.
(grandicollis. Dej.   id. id.   id.   p. 158.
(id.   Arménie.   id.   p. 158.
(var. Seileri. Heer.   Cauc. centr.   id.   p. 158.
9

AMARA. Bon.

(rufipes. Dej.   Caucase.   Enum. p. 158.
(id.   Géorgie.   id.   p. 158.
(id.   Lenkoran.   id.   p. 158.
eurynota. Kugel.   Elisabethpol.   Kolen. p. 52.
adamantina. Kolen.   Armén. alp.   id.   p. 53.
spreta. Zimm.   Caucase.   Stév. Cat. inéd.

similàta. Gyll.	Caucase.	Enum.	p. 159.
(trivialis. Duft.	id.	id.	p. 159.
(id.	Transcauc.	id.	p. 159.
intermedia. Chaud.	Géorgie mérid.	id.	p. 159.
familiaris. Creutz.	id.	id.	p. 160.
(gemina. Zimm.	Caucase.	id.	p. 160.
(id.	Géorgie.	id.	p. 160.

9

BRADYTUS. Zimm.

(consularis. Duft.	Tiflis.	Enum.	p. 160.
(id.	Arménie.	id.	p. 160.
fulvus. de Géer.	Caucase.	Fald. III.	p. 74.
apricarius. Fabr.	id.	Enum.	p. 160.
id.	Lenkoran.	id.	p. 160.
(var. major.	Arménie.	id.	p. 160.

3

LEIRUS. Meg.

(aulicus. Illig.	Caucase.	Enum.	p. 162.
(id.	Taurus.	id.	p. 162.
propinquus. Mén.	Mts. Talyche.	Fald. I.	p. 76.
caucasicus. Motsch.	Caucase.	Motsch. Cat. inéd.	
parallelus. Chaud.	Lenkoran.	Enum.	p. 162.
armeniacus. Motsch.	Arménie.	B. M. 1839. p. 83.	
intermedius. Motsch.	Caucase?	Stév. 2e. coll.	

6

LEIOCNEMIS. Zimm.

crenata. Dej.	Tiflis.	Enum.	p. 160.
crenatostriata. Chaud.	Lenkoran.	id.	p. 161.
polita. Chaud.	Arménie.	id.	p. 161.
(cordicolis. Mén.	?	Fald. I.	p. 75.
(var. laticollis. Motsch.	Caucase.	Motsch. in. litt.	

4

MAZOREUS. Ziegler.

luxatus. Creutz.	Transcauc.	Fald. III.	p. 75.

1

Daptus. Fischer.

(vittiger. Bœb.	Mer Casp.	Enum. p. 162.
(vittatus. Gebl.	id.	id. p. 162.

1

Acinopus. Ziegler.

(megacephalus. Illig.	Caucase.	Enum. p. 163.
(id.	Transcauc.	id. p. 163.
(var. lævigatus. Mén.	Caucase.	id. p. 163.
(id.	Lenkoran.	id. p. 163.
bucephalus. Dej.	id.	id. p. 163.
emarginatus. Chaud.	id.	id. p. 163.
(striolatus. Zoubk.	id.	id. p. 164.
(nitidus. Fald.	id.	id. p. 164.
ammophilus. Stév.	Géorgie.	id. p. 164.
(grandis. Fald.	Lenkoran.	id. p. 164.
(id.	Arménie.	id. p. 164.

6 ;

Selenophorus. Dejean.

(scaritides ? Ziegl.	Talyche.	Fald. III. p. 77.
((Pangus).		

1

Microderes. Fald.

robustus. Fald.	Nakhitchévan.	Fald. I. p. 80.

1

Anisodactylus. Dejean.

(pseudoæneus. Stév.	Piatigorsk.	Fald. III. p. 77.
(id.	Lenkoran.	Enum. p. 165.
intermedius. Dej.	id.	id. p. 165.
binotatus. Fabr.	Caucase.	Fald. III. p. 77.
spurcaticornis. Ziegl.	id.	Enum. p. 165

4

Gynandromorphus. Dejean.

etruscus. Schœnh.	Lenkoran.	Enum. p. 165.

1

DIACHROMUS. Erichs.

(germanus. Fabr.	Steppes cauc.	Fald. III. p. 80.
id.	Cauc. imér.	Enum. p. 166.
(id.	Transcauc.	id. p. 166.
1		

OPHONUS. Ziegler.

columbinus. Germ.	Lenkoran.	Enum. p. 166.
sabulicola. Panz.	Géorgie.	id. p. 166.
(monticola. Dej.	Caucase.	id. p. 166.
(id.	Taurus.	id. p. 166.
(punctulatus. Duft.	Imérétie.	id. p. 167.
(punctatulus. Dej.	Caucase.	id. p. 167.
laticollis. Mann.	Akhaltzik.	id. p. 167.
* cœruleipennis. Mén.	Caucase.	Fald. I. p. 82.
* ruficrus. Mén.	id.	id. I. p. 83.
* similis. Sturm.	Lenkoran.	id. III. p. 79.
agnatus. Chaud.	Géorgie.	Enum. p. 167.
(chlorophanus. Zenk.	Caucase.	Enum. p. 168.
(var. azureus. Illig.	Transcauc.	Fald. III. p. 79.
atrocyaneus. Chaud.	Lenkoran.	Enum. p. 168.
(cribricollis. Stév.	Caucase.	Fald. III. p. 79.
(id.	Akhaltzik.	Enum. p. 168.
(convexicollis. Měn.	Mer Casp.	Fald. I. p. 85.
(id.	Arménie.	Enum. p. 168.
picicornis. Fald.	Transcauc.	Fald. I. p. 86.
* cordicollis? Dej.	id.	id. III. p. 80.
subquadratus. Dej.	id.	Enum. p. 168.
meridionalis. Dej.	Géorgie.	id. p. 169.
pumilio. Dej.	id.	id. p. 169.
cordatus. Duft.	Transcauc.	id. p. 169.
subcordatus. Dej.	id.	id. p. 169.
puncticollis. Payk.	Géorgie.	id. p. 169.
brevicollis. Dej.	id.	id. p. 169.
maculicornis. Meg.	Lenkoran.	id. p. 170.
* signaticornis. Meg.	Caucase.	Stév. Cat. inéd.
hirsutulus. Stév.	Mer Casp.	Enum. p. 170.
(planicollis. Sanv.	Lenkoran.	id. p. 170.
(læviceps? Mén.	Bakou.	Fald. I. p. 84.

(suturalis. Chaud.	Géorgie.	Enum. p. 170.
(id.	Lenkoran.	id. p. 170.
(mendax. Rossi.	id.	id. p. 170.
(id.	Karabagh.	Kolen. p. 60.
obsoletus. Dej.	Lenkoran.	Fald. III. p. 81.
ustulatus. Gebl.	Caucase.	id. III. p. 81.
⋆ gilvipes. Stév.	id.	Stév. Cat. inéd.
⋆ Stevenii. Dej.	id.	id. id.
32		

HARPALUS. Latr.

hospes. Creutz.	Transcauc.	Enum. p. 171.
circumpunctatusChaud.	Lenkoran.	id. p. 171.
subsimilis. Chaud.	id.	id. p. 171.
dispar. Dej.	id.	id. p. 172.
æneus. Fabr.	Caucase.	id. p. 172.
confusus. Dej.	id.	Fald. III. p. 81.
(æneipennis. Fald.	id.	Enum. p. 172.
(id. (Omaseus).	Taurus.	id. p. 172.
(distinguendus. Duft.	Caucase.	id. p. 174.
(id.	Transcauc.	id. p. 174.
subtruncatus. Chaud.	Lenkoran.	id. p. 174.
(cupreus? Dej.	Transcauc.	id. p. 174.
(fastuosus. Fald.	id.	id. p. 174.
(quadratus. Chaud.	Lenkoran.	id. p. 175.
(id.	Arménie.	id. p. 175
⋆ patruelis? Dej.	Mts. Talyche.	Fald. III. p. 82.
seriatus. Chaud.	Lenkoran.	Enum. p. 175.
(honestus. Andersch.	Caucase.	id. p. 176.
(id.	Transcauc.	id. p. 176.
consentaneus. Dej.	id.	id. p. 176.
armeniacus. Chaud.	Arménie.	id. p. 176.
(perplexus. Gyll.	Caucase.	id. p. 177.
(Petifii. Sturm. Fald.	Arménie.	id. p. 177.
elegantulus. Mén.	Lenkoran.	Fald. I. p. 90.
(fugax. Fald.	Transcauc. mér.	Enum. p. 177.
(saxicola? Godet.	id.	id. p. 177.
⋆ siculus. Dej.	Lenkoran.	Fald. III. p. 83.
femoralis. Chaud.	id.	Enum. p. 177.

(calceatus. Creutz.	Caucase.	Enum. p. 178.
(id.	Transcauc.	id. p. 178.
ruficornis. Fabr.	id.	id. p. 179.
(cribripennis. Chaud.	Caucase.	id. p. 179.
(griseus? var.	Transcauc.	id. p. 179.
ferrugineus. Fabr.	Caucase.	Stév. Cat. inéd.
(hottentotta. Duft.	id.	id. id.
(dilatatus. Stév.	id.	Kolen. p. 62.
(quadripunctatus. Dej.	id.	Enum. p. 179.
(id.	Taurus.	id. p. 179.
limbatus. Duft.	Caucase.	id. p. 179.
maxillosus. Stév.	Imérétie.	id. p. 179.
(luteicornis. Duft.	Caucase.	id. p. 180.
sulcatulus. Fald.		
(olim).	Transcauc.	Fald. I. p. 85.
sulcipennis. Fald.	id.	id. I. p. 85.
(rubripes. Creutz.	Caucase.	Enum. p. 180.
(nobilitatus. Fald.	Transcauc.	Fald. I. p. 86.
* sobrinus. Dej.	Mts. Talyche.	id. III. p. 83.
zabroides. Dej.	Transcauc.	Enum. p. 180.
(hirtipes. Panz.	id.	Fald. III. p. 84.
(id.	Karabagh.	Kolen. p. 63.
(semiviolaceus. Brongn.	Taurus.	Enum. p. 180.
Schreibersii. Duft.		
Fald.	Transcauc.	Fald. III. p. 84.
* optabilis. Fald.	Arménie.	Kolen. p. 64.
(tenebrosus. Dej.	id.	Enum. p. 181.
(coracinus. Sturm.	?	Fald. III. p. 84.
melancholicus. Dej.	Cauc. centr.	Enum. p. 181.
* litigiosus? Dej.	Lenkoran.	Fald. III. p. 84.
(ineditus. Dej.	id.	Fald. III. p. 85.
(hybridus? Dej.	id.	Dej. 3e. Cat. p. 53.
(tardus. Duft.	id.	Enum. p. 181.
(amaroides. Fald.	Transcauc.	Fald. I. p. 97.
(flavicornis. Dej.	id.	Enum. p. 181.
(id.	Caucase.	Fald. III. p. 85.
* politus. Fald.	id.	id. III. p. 85.
(serripes. Duft.	id.	Enum. p. 181.
(id.	Transcauc.	id. p. 181.

(taciturnus. Dej.	Caucase.	id.	p. 182.
(id.	Arménie.	id.	p. 182.
subvirens. Chaud.	Lenkoran.	id.	p. 182.
fuscipalpis. Ziegl.	id.	id.	p. 183.
anxius. Duft.	Transcauc.	id.	p. 184.
* fuscicornis. Mén.	Mts. Talyche.	Fald. I. p. 93.	
convexus. Fald.	Transcauc.	id.	l. p. 95.
* faber. Mén.	Caucase.	id.	I. p. 94.
* rotundicollis. Kolen.	Tiflis.	Kolen. p. 65.	
helopioides. Fald.	Transcauc.	Fald. I. p. 96.	
(pullus. Stév.	Caucase.	Stév. Cat. inéd.	
(servus. Creutzer.	»	»	
picipennis. Meg.	Tiflis.	Enum. p. 184.	
* minutus. Kolen.	Mt. Kazbck.	Kolen. p. 67.	
breviusculus. Chaud.	Arménie.	Enum. p. 184.	
(brachypus. Stév.	Kislar.	Stév. Cat. inéd.	
(id.	Arménie.	Enum. p. 185.	
(morio. Mén.	Lenkoran.	Fald. I. p. 87.	
((Stenolophus).			
59			

STENOLOPHUS. Meg.

vaporariorum. Fabr.	Géorgie.	Kolen. p. 67.	
(abdominalis. Géné.	Transcauc.	Enum. p. 185.	
(persicus. Dej.	id.	B. M. 1844. p. 432.	
discophorus. Fisch.	Lenkoran.	Enum. p. 186.	
* elegans? Dej.	Caucase.	Stév. Cat. inéd.	
proximus. Dej.	Tiflis.	Enum. p. 186.	
(lucidus? Dej.	Transcauc.	Dej. IV. p. 419.	
(proximus. Fald.	id.	Fald. III. p. 86.	
vespertinus. Illig.	Mingrélie.	Enum. p. 186.	
* (Stevenii. Kryn.	Mts. Talyche.	B. M. V. p. 86.	
(dimidiatus. Mén.	id.	Fald. I. p. 87.	
marginatus. Dej.	Mingrélie.	Enum. p. 186.	
9			

ACUPALPUS. Latr.

(discicollis? Dej.	Lenkoran.	Enum. p. 186.	
(discolor. Fald.	Perse.	Fald. I. p. 99.	
((Stenolophus).			

(flavus. Stév.   Caucase.   Stév. Cat. inéd.
(placidus? Dej.   id.   Dej. 3e Cat. p. 54.
ephippium. Dej.   Transcauc.   Enum. p. 187.
dorsalis. Fabr.   Lenkoran.   id.   p. 187.
meridianus. Linné.   id.   id.   p. 187.
luridus. Dej.   Transcauc.   id.   p. 187.
alpicola. Meg. (?)   Caucase.   Fald. III. p. 87.
collaris. Payk.   id.   id.   III. p. 87.
caucasicus. Chaud.   id.   Enum. p. 187.
9

HISPALIS. Rambur.

(metallescens. Dej.   Caucase.   Enum. p. 188.
(id.   Transcauc.   id.   p. 188.
dilatatus. Chaud.   Lenkoran.   id.   p. 188.
2

TRECHUS. Clairv.

micros. Herbst.   Mingrélie.   Enum. p. 189.
littoralis Ziegl.   Lenkoran.   id.   p. 189.
* melanocephalus. Kol.   Mts. Armén.   Kolen. p. 68.
* amaurocephalos. Kol.   Mt. Kazbek.   id.   p. 69.
(minutus. Fabr.   Transcauc.   Enum. p. 189.
(rubens. Dej. (Spec.).   id.   Fald. III. p. 87.
(politus. Fald.   id.   id.   I. p. 100.
obtusus. Erichs.   id.   Enum. p. 190.
caucasicus. Chaud.   Caucase.   id.   p. 190.
maculicornis. Chaud.   id.   id.   p. 191.
nivicola. Chaud.   id.   id.   p. 191.
subcordatus. Chaud.   id.   id.   p. 192.
latipennis. Chaud.   Taurus.   B. M. 1844. p. 451.
11

BEMBIDIUM. Latr.

areolatum. Creutz.   Transcauc.   Enum. p. 192.
scutellare. Dej.   Taman.   id.   p. 193.
bistriatum. Meg.   Transcauc.   id.   p. 193.
* pallidulum. Mén.   Caucase.   Fald. I. p. 101.
gregarium. Chaud.   Mingrélie.   Enum. p. 193

brevicorne. Chaud.	Mingrélie.	Enum. p. 193.
grandicolle. Chaud.	Lenkoran.	id. p. 194.
nanum. Gyll.	Caucase.	id. p. 195.
4-signatum. Creutz.	Géorgie.	id. p. 196.
(diabrachys. Kolen. (Tachys.)	id.	id. p. 196.
(10-striatum? Meg.	id.	Dej. V. p. 54.
inæquale. Kolen. (Tachys.)	Elisabethpol.	Kolen. p. 73.
anomalum. Kolen.(id.)	Karabagh.	id. p. 73.
angustatum. Dej.	Géorgie mér.	Enum. p. 196.
(hæmorrhoidale Dej.	Transcauc.	id. p. 196.
(id.	Taman.	id. p. 196.
(globosum. Chaud.	Tiflis.	id. p. 196.
(id.	Mingrélie.	id. p. 196.
undulatum. Sturm.	Ciscauc.	Kolen. p. 75.
(ustulatum. Fald.	Caucase.	Fald. III. p. 88.
(id.	Kislar.	Stév. Cat. inéd.
apicale. Mén.	Caucase.	Fald. I. p. 102.
hamatum. Kolen.	Eriwan.	Kolen. I. 75.
pallidipenne. Dej.	Taman.	Enum. p. 197.
orichalcicum. Duft.	Mingrélie.	id. p. 198.
(striatum. Fabr.	id.	id. p. 198.
(id.	Caucase.	Fald. III. p. 88.
bipunctatum? Fabr.	Ciscauc.	Kolen. p. 76.
(rugiceps. Chaud.	Caucase.	Enum. p. 198.
(id.	Arménie.	id. p. 198.
Menetriesii. Kolen.	Caucase.	Kolen. p. 76.
dimidiatum. Mén.	Cauc. orient.	Fald. I. p. 108.
ustum. Schœnh.	Kislar.	Stév. Cat. inéd.
(bisignatum. Mén.	Caucase.	Enum. p. 204.
(pulcherrimum. Mot.	id.	Motsch. in litt.
(andreæ. Fabr.	id.	Enum. p. 200.
(rupestre. Dej.	id.	id. p. 200.
ovipenne. Chaud.	id.	id. p. 200.
persicum. Mén.	Mts. Talyche.	Fald. I. p. 111.
fasciatum. Chaud.	Lenkoran.	Enum. p. 199.
hispanicum? Dej.	Transcauc.	id. p. 202.
basale. Chaud.	Lenkoran.	id. p. 201.
cruciatum. Dej.	Caucase.	Fald. III. p. 90.

(femoratum. Dej.	Transcauc.	Enum. p. 202.
(id.	Caucase.	Fald. III. p. 90.
(saxatile. Gyll.	Mingrélie.	Enum. p. 202.
(id.	Caucase.	Kolen. p. 77.
combustum. Mén.	Schadach.	Fald. I. p. 105.
lividipenne. Mén.	id.	id. I. p. 107.
testaceipenne. Mén.	Caucase.	id. I. p. 106.
luridum. Fald.	?	id. I. p. 109.
dentellum. Stév.	Kislar.	Stév. Cat. inéd.
Gotschii. Chaud.	Lenkoran.	Enum. p. 202.
depressum. Mén.	Schadach.	Fald. I. p. 104.
fraxator. Mén.	Cauc. orient.	id. I. p. 110.
cœruleum. Dej.	Mingrélie.	Enum. p. 203.
cyaneum. Chaud.	id.	id. p. 203.
tibiale. Meg.	Caucase.	id. p. 203.
(fulvipes. Sturm.	id. orient.	Kolen. p. 78.
(distinctum. Dej.	»	id. p. 78.
brunnicorne. Dej.	Caucase.	Enum. p. 204.
rufipes. Gyll.	Transcauc.	id. p. 204.
(Nordmanni. Chaud.	Mingrélie.	id. p. 204.
(elongatum? Kolen.	Caucase.	Kolen. p. 78.
velox. Erichs.	id.	Enum. p. 204.
celere. Fabr.	id.	id. p. 204.
substriatum. Chaud.	id.	id. p. 205.
armeniacum. Chaud.	id.	id. p. 205.
rivulare. Sturm.	Taman.	id. p. 206.
(aspericolle. Germ.	id.	id. p. 206.
(lepidum? Dej.	»	» 206.
Doris? Illig.	Caucase.	Stév. Cat. inéd.
guttula. Fabr.	Transcauc.	Enum. p. 206.
biguttatum. Fabr.	Elisabethpol.	id. p. 206.
vulneratum. Dej.	Lenkoran.	id. p. 207.
tetrasemum. Chaud.	Transcauc.	id. p. 207.
tetragramma. Chaud.	Lenkoran.	id. p. 208.
quadripustulatum. Fabr.	Tiflis.	id. p. 208.
quadrimaculatum. Linn.	Géorgie.	id. p. 209.
articulatum. Panz.	id. imér.	id. p. 209.
picipes. Meg.	Transcauc.	id. p. 209.
pallipes. Meg.	Lenkoran.	id. p. 209.

flavipes. Fabr.   Transcauc.   Enum. p. 209.
pictum. Kolen.   Elisabethpol.   Kolen. p. 80.

HYDROCANTHARES.

Dytiscus. Linné.

circumcinctus. Ahrens. Caucase.   Stév. Cat. inéd.
marginalis. Fabr.   id.   id.   id.
sp. ?   Abkhasie.   id.   id.
3

Cybister. Curtis.

Rœselii. Fabr.   Lenkoran.   Fald. III. p. 60.
Chaudoirii. Hochh.   id.   Enum. p. 213.
Gotschii. Hochh.   id.   id.   p. 214.
3

Agilius. Leach.

sulcatus. Fabr.   Karabagh.   Kolen. p. 82.
dispar. Ziegl.   Elisabethpol.   Stév. Cat. inéd.
2

Hydaticus. Leach.

cinereus. Fabr.   Kislar.   Stév. Cat. inéd.
austriacus. Sturm.   Lenkoran.   Enum. p. 215.
(grammicus. Sturm.   id.   id.   p. 215.
(lineolatus? Mén.   Transcauc.   Fald. I. p. 112.
transversalis. Fabr.   Kislar.   Stév. Cat. inéd.
Hybneri. Fabr.   id.   id.   id.
5

Colymbetes. Clairv.

fuscus. Lin.   Kislar.   Stév. Cat. inéd.
(notatus. Fabr.
((Rantus).   Transcauc.   Fald. III. p. 61.
(vibicicollis. Hochh. Lenkoran.   Enum. p. 216.
(pulverosus. Stév.   Caucase.   Stév. Coll.
3

ILYBIUS. Erichs.

ater. Dè Géer.	Caucase.	Stév. Cat. inéd.
fuliginosus. Fabr.	id.	id. id.

2

AGABUS. Leach.

(oblongus. Illig.	Transcauc.	Fald. Ill. p. 61.
(·(Liopterus).		
* luniger. Kolen.	Arménie.	Kolen. p. 82.
subnebulosus. Steph.	Elisabethpol.	id. p. 83.
*(ruficeps. Mén.	Transcauc.	Fald. I. p. 113.
((Colymbetes).		
glacialis. Hochh.	Taurus. (8000 p.).	Enum. p. 218.
chalconotus. Panz.	Caucase.	Stév. Cat. inéd.
maculatus. Lin.	id.	id. id.
sinuatus. Motsch.	Arménie.	Aubé. Spec. p. 313.
bipunctatus. Fabr.	Lenkoran.	Enum. p. 217.
nigricollis. Zubk.	Elisabethpol.	Kolen. p. 83.
biguttatus. Oliv.	Lenkoran.	Enum. p. 218.
bipustulatus. Lin.	id.	id. p. 218.
* deplanatus. Stév.	Caucase.	Stév. Cat. inéd.

13

LACCOPHILUS. Leach.

hyalinus. De Géer.	Lenkoran.	Enum. p. 221.
variegatus. Germ.	id.	id. p. 221.

2

NOTERUS. Clairv.

(crassicornis. Müller.	Lenkoran.	Enum. p. 221.
(id.	Arménie.	Kolen. I. 84.
* ? affinis. Stév.	Kislar.	Stév. Cat. inéd.

2

HYDROPORUS. Clairv.

inæqualis. Fabr.	Karabagh.	Kolen. p. 86.
* musicus. Klug.	Transcauc.	id. p. 86.
cuspidatus. Germ.	Lenkoran.	Enum. p. 221.

(geminus. Fabr.	Lenkoran.	Enum. p. 224.
(symbolum. Kolen.	Transcauc.	Kolen. p. 86.
minutissimus. Dej.	Arménie.	Aubé. Spec. p. 493.
variegatus. Motsch.	id.	id. id. p. 518.
stearinus. Kolen.	Karabagh.	Kolen. p. 84.
airumlus. Kolen.	Arménie.	id. p. 85.
picipes. Fabr.	Kisl. Elisab.	Stév. Cat. inéd.
polonicus? Aubé.	Lenkoran.	in Enum. omiss.
lineellus. Gyll.	id.	Enum. p. 222.
consobrinus. Kunze.	id.	id. p. 222.
parallelus. Aubé.	Caucase.	Aubé. Spec. p. 553.
enneagrammus. Ahrens.	Tiflis.	Enum. p. 223.
erythrocephalus. Linn.	Lenkoran.	id. p. 222.
planus. Fabr.	id.	id. p. 222.
pubescens. Gyll.	id.	id. p. 222.
melanocephalus. Gyll.	id.	id. p. 222.
tetragrammus. Hochh.	id.	id. p. 223.
* 6-pustulatus. Stév.	Elisabethpol.	Stév. Cat. inéd.

20

HALIPLUS. Latr.

ferrugineus. Linné.	Transcauc.	Kolen. p. 87.
guttatus. Dohl.	Lenkoran.	Enum. p. 224.
variegatus. Dej.	id.	id. p. 224.
(ruficollis. De Géer.	id.	id. p. 225.
(impressus. Fabr.	Cauc., Elisab.	Stév. Cat. inéd.

4

CNEMIDOTUS. Illig.

cæsus. Duft.	Lenkoran.	Enum. p. 225.

1

GYRINUS. Linné.

strigipennis. Suffrian.	Lenkoran.	Enum. p. 225.
mergus. Ahrens.	id.	id. p. 225.
* distinctus. Aubé.	Transcauc.	Kolen. p. 88.
caspius. Mén.	Lenkoran.	Enum. p. 225.

4

ORECTOCHILUS. Eschsch.

involvens. Fald.	Mer Casp.	Fald. I. p. 115.

1

F I N.

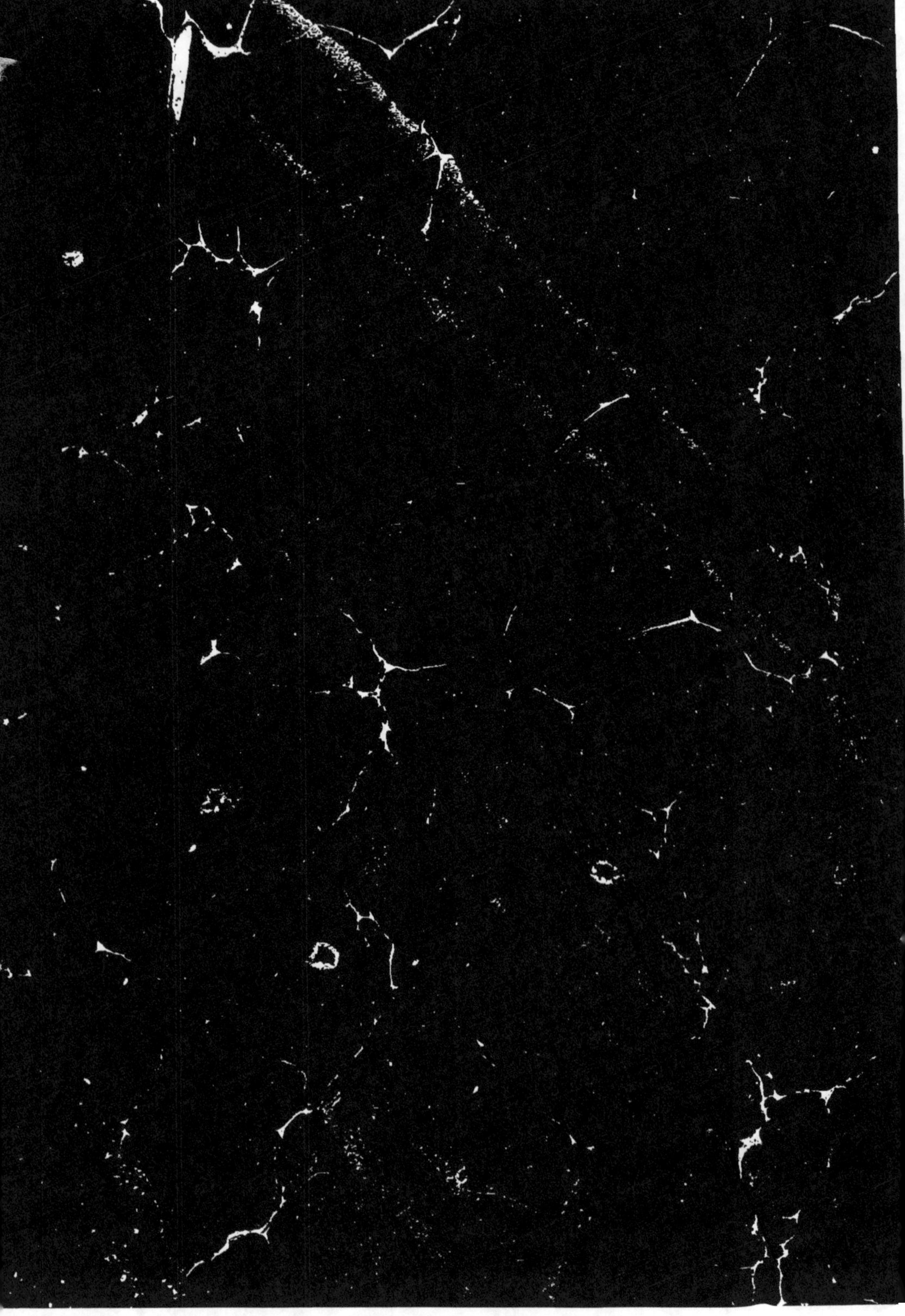